インタフェースデザインの心理学
ウェブやアプリに新たな視点をもたらす100の指針

Susan Weinschenk 著
武舎広幸＋武舎るみ＋阿部和也 訳

100 Things
Every Designer Needs
to Know About People

オライリー・ジャパン

本書で使用するシステム名、製品名は、それぞれ各社の商標、または登録商標です。
なお、本文中では™、®、©マークは省略している場合もあります。

100 THINGS
EVERY DESIGNER NEEDS TO KNOW ABOUT PEOPLE

SUSAN WEINSCHENK, PH.D.

New Riders
VOICES THAT MATTER™

Authorized translation from the English language edition, entitled 100 THINGS EVERY DESIGNER NEEDS TO KNOW ABOUT PEOPLE, 1st Edition, ISBN:9780321767530 by WEINSCHENK, SUSAN, published by Pearson Education, Inc, publishing as New Riders, Copyright ©2011
All rights reserved. No part of this book may be reproduced or transmitted in any form or by any means, electronic or mechanical, including photocopying, recording or by any information storage retrieval system, without permission from Pearson Education, Inc.
Japanese language edition published by O'Reilly Japan, Inc., Copyright ©2012
Japanese translation rights arranged with PEARSON EDUCATION, INC., publishing as New Riders, Indiana through Tuttle-Mori Agency, Inc., Tokyo

本書は、株式会社オライリー・ジャパンがPearson Education, Inc.の許諾に基づき翻訳したものです。日本語版についての権利は、株式会社オライリー・ジャパンが保有します。

日本語版の内容について、株式会社オライリー・ジャパンは最大限の努力をもって正確を期していますが、本書の内容に基づく運用結果については責任を負いかねますので、ご了承ください。

本書を今は亡きマイルズ・シュウォーツ夫妻に捧げる。

デザインの心理学

　素晴らしいデザインの恩恵を受けるのは利用者（ユーザー）です。デザインの対象がウェブサイトであっても、医療機器であっても、そのほかのものあっても、この点は変わりません。

　ですから、素晴らしいデザインを実現するには利用者に対する深い理解が欠かせません。利用者はどう考え、どう判断するのでしょうか。「クリック」であれ「購入」であれ、皆さんが利用者にしてほしいと望んでいる動作を促すものは何なのでしょうか。

　そうしたことを解明するのがこの本の目的です。

　人の心をとらえるのはどのようなものなのか、人はどのような誤りを犯しやすいのか、その原因は何かといった、皆さんがよりよいデザインをする上で役立つさまざまな事柄をこの本で紹介していきます。

　きっと役に立つはずです。

　すでに「しんどい作業」はほとんど私がやっておきました。私は論文を読むのが大好きという変わり者で、山ほど読みます。もちろん論文だけではなく本もたくさん読みます。場合によっては二度、三度と読み直すことさえあります。その中から特に優れていると思った理論や概念、研究成果を選びました。

　そして、そうした研究成果を私自身の経験、長年インタフェースデザインに携わってきたことで得た私の知識や感覚と融合させたのです。

　こうして誕生したのがこの本です。

本書の構成

1章 人はどう見るのか
　脳の約半分は目から入ってくる情報の処理を担当していると言われています。人は目が物理的に受理する情報をそのまま見ているわけではありません。目が受理したイメージが脳に伝達されると脳がさまざまな処理をし、その結果を「見て」いるのです。さて、どのような処理をしているのでしょうか。

2章 人はどう読むのか
　本や雑誌などを「読むこと」は現代人にとって情報伝達の主たる手段となっています。しかもインターネットが広まってから、人が「読む」情報の量は爆発的に増大しました。しかし「読むこと」と「理解すること」は同じではありません。ウェブページなどで自分の伝えたいことをきちんと理解してもらうためにはどうしたらよいでしょうか。

3章 人はどう記憶するのか
　人間のもつ「記憶容量」は無限ではありません。一度に覚えられる量にも、覚えられる期間にも、その正確さにも限界があります。ただ、こうした限界があることは必ずしも悪いことばかりではないのです。この章では人間の記憶の特性、特に不確かさと複雑さについて解説します。

4章 人はどう考えるのか
　脳には膨大な数の神経細胞があり、人間はこれを使って実に多様な処理を行っています。人が「考える」とき、脳の中では一体何が起こっているのでしょうか。人がどう考えるかを理解することは、利用しやすいシステムやサイトを設計しようとする際には非常に重要です。目に錯覚があるように、思考にも錯覚があります。この章では外界の状況を把握するため脳が無意識のうちに行うさまざまな処理を紹介します。

5章 人はどう注目するのか
　人を注目させる要因にはどのようなものがあるでしょうか。人はどのようにして、ほかの人の注意を引き、その後も相手の気を逸らさないようにしているでしょうか。私たちが何かに注意を払う払わないの違いは、どのようにして生じているのでしょうか。

6章 人はどうすればヤル気になるのか

これまで人にヤル気を起こさせることが実証済みとされていた方法にも、効果のないものがあることが最新の研究で明らかにされつつあります。何が人をヤル気にさせるのか、どういった状況になれば人はよりヤル気になるのか、最新の研究結果を見てみましょう。

7章 人は社会的な動物である

人にとって社会性は、普段考えている以上に重要な要素です。人は社会生活のためなら身の回りのものを何でも利用します。もちろんハイテク製品やネットのサービスなども例外ではありません。この章ではこうした人と人との社会的なやり取りの背景について、科学的に分析をしていきます。

8章 人はどう感じるのか

人は考える動物です。しかしいつも論理的な考えに基づいて意識的に行動するわけではありません。むしろ、感情的、感覚的な行動、無意識の行動のほうが多いのです。人はどのように感じ、それが最終的な行動にどう影響しているのでしょうか。

9章 間違えない人はいない

人は過ちを犯すものです。人為的なエラーの影響を受けないシステムを構築しようとしても、それは不可能です。また、すべての間違いが悪いとはかぎりません。この章では人間が犯す間違い（ヒューマンエラー）の原因、種類、対処法を見ていきます。

10章 人はどう決断するのか

人がある行動を起こそうと決断するプロセスは、一般に考えられているほど単純なものではありません。人の決断には無意識が想像以上に深くかかわっていることが明らかになってきました。この章では、人がどう決断するかを分析していきます。

意見と質問

本書（日本語翻訳版）の内容については、最大限の努力をもって検証および確認していますが、誤りや不正確な点、誤解や混乱を招くような表現、単純な誤植に気づかれることもあるかもしれません。本書を読んで気づいたことは、今後の版で改善できるようにお知らせください。将来の改訂に関する提案なども歓迎します。連絡先を以下に示します。

株式会社オライリー・ジャパン
〒160-0002 東京都新宿区坂町26番地27 インテリジェントプラザビル1F
電話　　　03-3356-5227
FAX　　　03-3356-5261
電子メール　japan@oreilly.co.jp

本書のウェブページには次のアドレスでアクセスでできます。

http://www.oreilly.co.jp/books/9784873115573/

http://www.peachpit.com/store/product.aspx?isbn=0321767535（原書）

翻訳者のサイトには関連ページのリンク集、簡単な紹介、正誤表や追加情報が掲載されています。

http://www.marlin-arms.com/support/100things/

オライリーに関するそのほかの情報については、次のオライリーのウェブサイトを参照してください。

http://www.oreilly.co.jp
http://www.oreilly.com

謝辞

　ピーチピット社の素晴らしい編集チーム、特に夜更けのメールのやり取りに応じてくださった編集者のジェフ・ライリー氏に感謝します。また、この本の執筆を勧めてくださり、執筆中は舵取り役を果たしてくださった編集者のマイケル・ノーラン氏、写真を担当してくださったガスリー・ワインチェンク氏、すてきなアイデアを寄せてくれたメジー・ワインチェンク氏、辛抱強く支援してくれたピーター・ワインチェンク氏にも感謝します。さらに、私のブログを読んでくださっている皆さん、講演やプレゼンに足を運んでくださる皆さんにも感謝します。貴重なアイデアや意見をいつもありがとうございます。皆さんの存在が刺激となり牽引役となって、私は心理学とデザインに関する調査、研究、著作を続けていかれるのです。

目次 TABLE OF CONTENTS

デザインの心理学 vii

1章　人はどう見るのか　　1

- 001　目が受け取る情報と脳が私たちに伝える情報は微妙に違う 2
- 002　対象の「あらまし」をつかむのは中心視野より周辺視野の役目 5
- 003　人はパターン認識で物を識別する 7
- 004　顔認識専門の脳領域がある 9
- 005　物はやや上から斜めに見た形で思い浮かべる 11
- 006　人は過去の経験と予想に基づいて画面を見る 13
- 007　人は手がかりを探す 15
- 008　人は視野の中の変化を見逃すことがある 19
- 009　人は近くにあるものを同じグループだと思う 21
- 010　赤と青を一緒に使うと目への刺激が強すぎる 22
- 011　男性の9%、女性の0.5%が色覚異常 23
- 012　文化によって色の意味が変わる 27

2章　人はどう読むのか　　29

- 013　大文字がもともと読みにくいものであるという説は誤りである 30
- 014　読むことと理解することは同じではない 33
- 015　パターン認識のおかげでフォントが異なっても同じ文字だと認識できる 37
- 016　文字の大きさは理解度を左右する 40
- 017　コンピュータの画面上のものは紙に書かれたものより読みにくい 42
- 018　長い行のほうが速く読めるが一般には短い行のほうが好まれる 43

3章　人はどう記憶するのか　　45

- 019　ワーキングメモリの限界 46
- 020　一度に覚えられるのは4つだけ 49
- 021　情報を覚えておくには使うことが必要 52
- 022　情報は思い出すより認識するほうが簡単 55

023	記憶は知的資源を大量に消費する	57
024	記憶は思い出すたびに再構築される	59
025	忘れるのはよいこと	61
026	鮮明な記憶でも間違っていることがある	63

4章　人はどう考えるのか　　65

027	情報は少ないほどきちんと処理される	66
028	心的な処理には難しいものとやさしいものがある	70
029	人は30％の時間はぼんやりしている	73
030	自信がない人ほど自分の考えを主張する	75
031	人はシステムを使うときメンタルモデルを作る	78
032	人は概念モデルとやり取りをする	81
033	人は物語を使って情報をうまく処理する	84
034	人は例を使ってうまく学ぶ	88
035	人は分類せずにはいられない	91
036	時間は相対的である	93
037	クリエイティブになるための4つの方法	96
038	人は「フロー状態」に入る	101
039	文化は考え方に影響する	104

5章　人はどう注目するのか　　107

040	注意力は選択的に働く	108
041	情報は取捨選択される	111
042	熟練の技は無意識に駆使できる	113
043	ある事態に対する注意力は頻発が予想されるか否かで決まる	115
044	注意力の持続時間は10分が限度である	117
045	人は「顕著な手がかり」にしか注目しない	119
046	マルチタスクは事実上不可能	120
047	危険、食べ物、セックス、動き、人の顔、物語は注意を引きやすい	123
048	大きな音には驚いて注目する	126

| 049 | 何かに注意を向けるにはまずそれを知覚する必要がある | 128 |

6章　人はどうすればヤル気になるのか　131

050	目標に近づくほど「ヤル気」が出る	132
051	報酬に変化があるほうが強力	135
052	ドーパミンが情報探索中毒を招く	139
053	人は予測ができないと探索を続ける	141
054	「内的報酬」のほうが「外的報酬」よりもヤル気が出る	144
055	進歩や熟達によりヤル気が出る	146
056	欲しいものが我慢できるかどうかは幼少期に決まる	151
057	人は本来怠惰な生き物である	153
058	近道は簡単に見つかるときしかしない	157
059	人の行動は「性格だ」と判断されがちである	159
060	習慣は長い時間をかけ徐々に形成される	162
061	競争意欲はライバルが少ないときに増す	164
062	人は自律性をモチベーションにして行動する	165

7章　人は社会的な動物である　167

063	「強い絆」を有する集団の規模の上限は150人	168
064	人には生来模倣と共感の能力が備わっている	171
065	「同じ釜の飯を食った仲間」の絆は強い	174
066	オンラインでの交流においては社会的なルールの遵守を期待する	176
067	嘘の度合いは伝達手段によって変わる	179
068	話し手の脳と聞き手の脳は同期する	182
069	脳は親しい人には特別な反応を示す	183
070	笑いは絆を生む	185
071	笑顔の真偽は動画のほうが判別しやすい	187

8章　人はどう感じるのか　189

| 072 | 7つの基本的な感情は万国共通 | 190 |

- 073　感情と筋肉の動きは深く結びついている ─ 192
- 074　データより物語のほうが説得力がある ─ 194
- 075　匂いは感情や記憶を呼び起こす ─ 196
- 076　人は思いがけないことを楽しむようプログラムされている ─ 198
- 077　人は忙しいほうが満足を感じる ─ 200
- 078　牧歌的な風景を見ると幸せな気分になる ─ 202
- 079　人はまず「見た目」と「感じ」で信用するか否かを決める ─ 204
- 080　大好きな音楽でドーパミンが放出 ─ 206
- 081　達成が難しいことほど愛着を感じる ─ 207
- 082　将来の出来事に対する自分の反応を大げさに予測する傾向 ─ 209
- 083　出来事の最中よりその前後のほうが前向き ─ 210
- 084　悲しみや不安を感じているときは馴染みのものがありがたい ─ 211

9章　間違えない人はいない　213

- 085　人間にノーミスはあり得ないし問題ゼロの製品も存在しない ─ 214
- 086　ストレスを感じているときには間違いを犯しやすい ─ 216
- 087　エラーはすべてが悪いとはかぎらない ─ 221
- 088　エラーのタイプは予測できる ─ 223
- 089　エラーの対処法はさまざま ─ 226

10章　人はどう決断するのか　229

- 090　無意識のレベルでの決断 ─ 230
- 091　まず無意識が気づく ─ 232
- 092　人は自分の処理能力を超えた数の選択肢や情報を欲しがる ─ 234
- 093　選択肢が多いほうが思いどおりになっていると感じる ─ 236
- 094　「お金」より「時間」 ─ 238
- 095　意思決定には気分も影響 ─ 240
- 096　グループによる意思決定は必ずしも的確ではない ─ 242
- 097　人は支配的な人物に影響される ─ 244
- 098　確信がないときは人まかせにする ─ 246

099	他人は自分より影響を受けやすいと考える	248
100	目の前にある品物のほうが高値に	250

訳者あとがき	255
参考資料	257
索引	266

1章 人はどう見るのか

人間のあらゆる感覚のうちでも特に重要なのが視覚でしょう。脳の約半分は目から入ってくる情報の処理を担当しています。私たちは目が物理的に受理する情報をそのまま見ているわけではありません。目が受理したイメージが脳に伝達されると、脳が変更や解釈を加えます。実際に「見ている」のは脳なのです。

001
目が受け取る情報と脳が私たちに伝える情報は微妙に違う

　外を歩いているとき、目が感知した情報が脳に送られ、それを脳が処理して私たちが感じ取ります。このとき、「脳は目が感知した外界の様子をそのままリアルに送ってくれている」と思えるかもしれません。しかし、「脳が私たちに伝えるもの」は、目が受け取った情報とは微妙に違っています。脳は目に入るものすべてに絶えず「解釈」を加えているのです。たとえば**図1-1**を見てください。

　何が見えますか？　まず黒い線で描かれた三角形が見え、その上に白い逆三角形（頂点が下にある三角形）が重なっているように見えたのではありませんか？　もちろん実際は違います。何本かの線と一部分が欠けた円があるだけです。何もない所に脳が逆三角形を創り出しました。「逆三角形が見える」と予測したからです。この図形はイタリアの心理学者ガエタノ・カニッツァが1955年に発表したことから、「カニッツァの三角形」と呼ばれています。次に**図1-2**を見てください。同様の錯覚によって今度は長方形が見えるはずです。

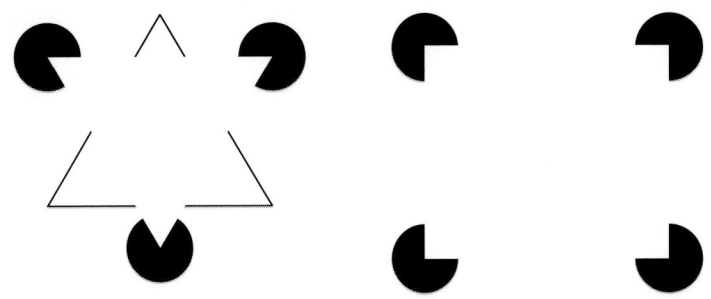

図1-1　カニッツァの三角形　　　　図1-2　同様の錯覚によって長方形が見える

脳は近道を創り出す

　脳がこうした「近道」を創り出すのは外界を素早く知覚するためです。脳は感覚的な情報（感覚入力）を大量に（推定では毎秒4,000万も）受け取り、受け取ったすべての入力から辻褄が合う世界を構築しようとします。この際、過去に獲得した「経験則」に頼るのです。たいていはそれでうまくいきますが、ときどきエラーが起こります。

　ですから形や色を上手に利用すれば、見え方を操作することができます。**図1-3**は色を使って単語のつながりを表現した例です。

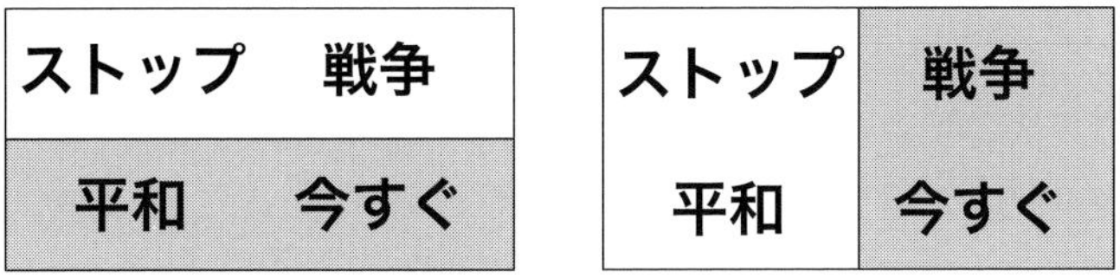

図1-3 色を使えば見え方を操作できる

⭐ 暗がりでは視線を少しずらしたほうがよく見える

網膜には、明るい所で働き色をよく感知できる細胞「錐状体」が700万個、暗がりでも機能する感度のよさは備えているものの色を識別できず明暗だけを感じる細胞「杆状体」が1億2,500万個あります。しかし視覚の中心領域である「中心窩」には錐状体が集中し、暗がりでも感度のよい杆状体はその周辺に多くあるので、薄暗がりでは対象をまっすぐ見つめるのではなく、視線を少しずらしたほうがよく見えます。

➡️ 目の錯覚

目が受け取った情報を脳が誤解する場合があることを示すよい例が「錯覚」です。たとえば図1-4の左の縦線は右の縦線より長く見えますが、実は同じ長さです。錯覚の例としてよく知られているもので、1889年にこの錯覚に気づいたドイツの心理学者フランツ・ミュラー・リヤーにちなんで「ミュラー・リヤー錯視」と呼ばれています。

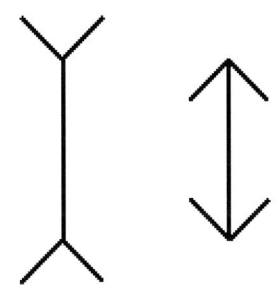

図1-4 2本の縦線の長さは同じ

⭐ 3Dではなく2D

外界からの光は目に入り角膜と水晶体を通ります。このとき水晶体がレンズの役割を果たして網膜に像を結びます。対象が三次元のものであっても、網膜に映し出される像は常に二次元です。この二次元の像が脳の視覚野に送られ、そこでパターン認識が行われ、「これはドアだ」といった具合に認識されます。視覚野が二次元の像を三次元の表現に変換しているのです。

➡ 情報のまとめ役は視覚野

ジョン・メディナによると、網膜は見ている対象の電気的なパターンを受け取り、そのパターンから、ストーリーをもった短編映画のような「トラック」を5〜6本作り出すのだそうです [Medina 2009]†。「影」に関する情報が入ったトラックもあれば、「動き」の情報のトラックもある、といった具合です。そしてこうした情報のトラックが最高で12本、脳の視覚野へ送られます。視覚野では、送られてきた情報に対してそれぞれ異なる領域が反応し処理に当たります。たとえば「40度の斜線」だけに反応する領域もあれば、「色」だけ、「動き」だけ、「端の部分」だけに反応する領域もあります。最終的にはすべてのデータが2本のトラックにまとめられます。1本は「動き」の情報（対象物が動いているか否か）で、もう1本は「位置関係」の情報（対象物が自分から見てどこにあるか）です。

† 本文中で、参考文献（書籍、論文など）を示す場合は、[Medina 2009]のように、その参考文献の執筆者（代表者）の姓と、参考文献が出版（発表）された年を記載しています。タイトルなど、各文献の詳細については巻末の「参考資料」を参照してください。邦訳がある場合は邦題も併記してあります。

ポイント

- 皆さんのウェブページを閲覧してくれる人たちは、皆さんの予想や期待とは違った見方をするかもしれません。何をどう見るかは、閲覧する側の経歴や知識、対象へのなじみの深さや期待に左右されます。
- 何かを表示するとき、表現のしかた次第では、自分が希望するとおりの捉え方をしてもらえない恐れがあるので注意しましょう。

002
対象の「あらまし」をつかむのは中心視野より周辺視野の役目

　視野（目で見える範囲）には「中心視野」と「周辺視野」の2種類があります。中心視野は対象を直視して詳細に見るときに使う領域のこと、そして周辺視野は視野のそれ以外の領域、つまり、見えてはいるものの直視してはいない範囲のことです。周辺視野のおかげで私たちは便利なことに目の端でも物が見えますが、それだけでなく、カンザス州立大学で最近行われた研究によって、私たちが周囲を理解する上で周辺視野が予想以上に重要な役割を果たしていることがわかりました。今見ているのがどういう場面なのかという「あらまし」の情報を、どうやら私たちは周辺視野で得ているようなのです。

★ 画面上に点滅するものがあると、なぜ気になるのか

　周辺視野に動くものがあると気になってしかたがないものです。コンピュータの画面で文章を読んでいるときなど、脇に何か点滅するものや動画があったりすると、どうしてもそれを見てしまいますよね。目の前の文章を集中して読もうとしているときには、うるさく感じるかもしれません。これは周辺視野の仕業なのです。だからこそウェブページの端に表示される広告は点滅するのです。見せられる側にとっては迷惑ですが、人の注意を引く効果があるのです。

　アダム・ラーソンとレスター・ロシュキーは台所や居間など身近な場所の写真を被験者に見せる実験を行いました [Larson 2009]。写真の中には灰色のフィルタで周辺部分や中央部を覆い隠したものがありました。写真を見せる時間はとても短く、フィルタもかけてあるため、見づらくなっています（**図2-1**、**図2-2**）。見せたあとで被験者に「どこの写真でしたか」と尋ねました。

　その結果わかったのは、写真の中央部が欠けていても、どこの写真であるかが識別できるということでした。これに対して周辺部分が欠けていると、居間なのか台所なのか区別がつきませんでした。さらに灰色のフィルタで隠す部分の面積をさまざまに変えてみた結果、最終的に次のような結論に達しました——「対象物の詳細な認識では主として中心視野を使うが、場面全体のあらましをつかむには周辺視野を使う」

図2-1 中心視野の写真

図2-2 周辺視野の写真

人間の祖先がサバンナで生き残れたのは周辺視野のおかげ

進化という観点から見ると、次のような説が成り立ちます——「火打ち石を打ち合わせたり、空を見上げたりしているとき、忍び寄ってきたライオンの姿を周辺視野で捉えられた原始人は生き残ることができ、その遺伝子が現代の私たちに受け継がれた。周辺視野が劣っていた個体は生き残れず、したがってその遺伝子も受け継がれなかった」

この説を裏づける最近の研究結果 [Bayle 2009] があります。被験者の周辺視野と中心視野に恐ろしい画像を置き、それぞれの場合で扁桃体（恐ろしい画像に反応する脳の領域）が反応するまでの時間を測りました。その結果、中心視野で恐ろしい物体を見たときは140〜190ミリ秒かかったのに対し、周辺視野のときは80ミリ秒しかかかりませんでした。

ポイント

- 人はコンピュータの画面を見るとき周辺視野を使います。周辺視野に入ったものを一瞥し、それによって得た情報に基づいて、そのページの概要をつかむのです。
- 中心視野に関しては画面中央が重要ですが、皆さんのウェブページを閲覧してくれる人たちの周辺視野に入るものも軽視してはなりません。周辺に配置する情報によって、そのページとサイトの狙いを明確に伝えられるよう工夫しましょう。
- 画面の特定の部分に注目してもらいたいときには、点滅するものや動画を周辺視野に置かないようにします。

003
人はパターン認識で物を識別する

　刻々と入ってくる感覚入力を素早く理解できるのは「パターン」をうまく利用しているためです。たとえ「パターン」と呼べるほどのものがない場合でも、目と脳はパターンを見つけたがります。たとえば**図3-1**は、ただの「8つの点」ではなく「4対の点」に見えませんか？　点と余白の組をパターンとして解釈しているのです。

図3-1　脳はパターンを見つけたがる

★ 特定の図形パターンだけに反応する細胞

視覚野には「横線」「縦線」「端」「斜め40度」といった特定の図形パターンだけに反応する細胞があります [Hubel 1959]。

物体認識のジオン理論

　人間が物を見てそれを認識するメカニズムについては、以前からいくつもの説が提起されてきました。初期の説は「脳には何百万もの物を記憶しておく『メモリーバンク』があって、ある物を見たら、それをメモリーバンクにあるものと比較し、一致するものを見つけている」というものでした。しかし最近の研究では「目の前にある物を識別するときには基本的な立体──幾何形態（ジオン）──を基準にしているらしい」ことが明らかになりました（**図3-2**）。ジオンの概念を提唱したのはアービング・ビーダーマンです [Biederman 1985]。ジオンは24個あり、人間はこの基本形を組み合わせて目の前にある三次元の物体を同定しているというのです。

★ 視覚野の活性度は想像しているときのほうが高い

あるものを実際に知覚しているときよりも、それを想像しているときのほうが視覚野の活性度は高くなります [Solso 2005]。活性化する領域は同じなのですが、想像しているときのほうが活性度が高いのです。ロバート・ソルソの説によると、刺激となる物体が実在しないため、その分、視覚野が奮闘しなければならないとのことです。

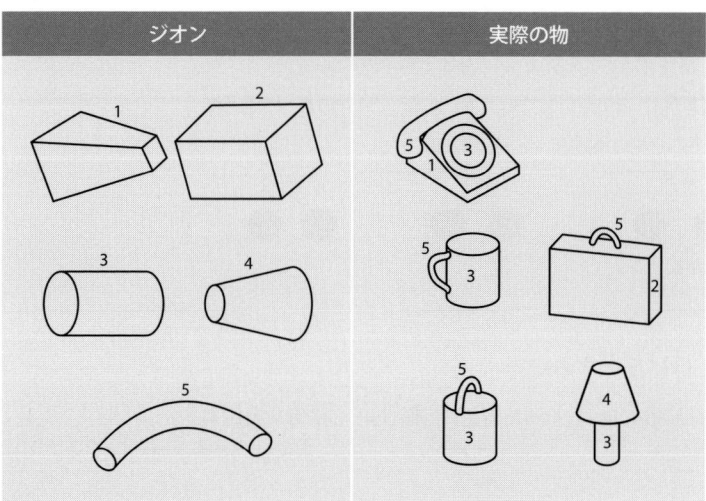

図3-2 ジオンの例（右側の物についている番号は、左側のジオンの番号に対応）

ポイント

- 人は本能的にパターンを探すので、できるだけパターンを使いましょう。グループ化や空白によってパターンを作るのです。
- アイコンなどに使う物の絵はシンプルな図形を組み合わせたものにしましょう。そうすればその絵に含まれるジオンが見分けやすくなるので、その物を素早く容易に認識してもらえるでしょう。
- 三次元より二次元のものを使いましょう。目から入ってきた情報は二次元の形で脳に伝えられます。三次元で表現すると、認識や理解に手間取るおそれがあります。

004
顔認識専門の脳領域がある

　大都会の雑踏の中で、突然、家族の顔を見かけたとしましょう。会うとは夢にも思っていなかった場合でも、また目の前に何十人、何百人という人がいたとしても、すぐに家族だと気づくはずです。同時にその人物に対して皆さんが抱いている感情もわき上がってきます。愛であれ、憎しみであれ、恐怖であれ、何であれ。

　視覚野は非常に広く、脳全体に占める割合が大きいのですが、この視覚野以外の場所に、顔の認識だけを専門に行っている領域があります。紡錘状顔領域と呼ばれ、ナンシー・カンウィッシャーが特定しました [Kanwisher 1997]。この領域のおかげで、通常の認識経路を経ずに顔を物の場合よりも素早く識別できるようになっています。この部位は情動の中枢である扁桃体の近くにあります。

★ 自閉症の人は顔の識別に紡錘状顔領域を使わない

自閉症の人は顔の識別に紡錘状顔領域を使わないことがカレン・ピアースによって明らかにされました [Pierce 2001]。代わりに、顔以外の物を認識・理解するための標準的な経路と視覚野を使っています。

➡ 画像の顔が見ているところを見る

視線追跡の研究で明らかになったのですが、図4-1のようにウェブページにある顔の画像の目がユーザーの方向ではなく、別の物を見ている場合、ユーザーもその物を見る傾向があるそうです（もっとも、人の視線の先に何かがあっても、必ずしもその人がそれに注目しているわけではありませんが）。ウェブページの構成を考えるときには、親近感や共感を引き出したいのか（その場合は皆さんのウェブページを閲覧してくれる人をまっすぐ見つめている顔を使います）、それとも商品などに注目してもらいたいのか（その場合はその商品を見ている顔を使います）を判断する必要があります。

図4-1　人間は、ほかの人が見ているところを見る傾向がある

⭐ 人間は生まれつき顔が好き

キャサリン・モンドローチによると、生後1時間未満の新生児であっても、顔の特徴を備えた物を見たがるそうです [Mondloch 1999]。

➡ 決め手は目 —— 生きているかどうかは目で判断

クリスティン・ルーザーとT・ホイートリーは、モーフィングと呼ばれる手法で人の顔写真を徐々にマネキンの顔に変え、これを被験者に見せて、生きた人間の顔だと感じられなくなるのはどの画像からかを言ってもらうという実験を行いました [Looser 2010]。図4-2はそのときに使った画像の例です。結果は「最初の顔写真から75%程度変わったあたり」でした。また、主な判断材料は目だということも明らかになりました。

図4-2　顔写真をマネキンの顔に変化させていった画像の例

ポイント

- 私たちがウェブページを見て、まず注目し認識するのは人の顔です（ただし自閉症の人は例外です）。
- ウェブページで感情に訴える力がもっとも強いのは「こちらをまっすぐ見つめている顔」です。顔の造作の中でいちばん重要なのが目だからでしょう。
- ウェブページにある顔が、同じページの別の場所や商品を見ている場合、私たちはその視線をたどって、その先にあるものを見る傾向があります。だからといって、それに注意を払うわけではなく、ただ目を向けるだけなのですが。

005
物はやや上から斜めに見た形で思い浮かべる

「コーヒーカップの絵を描いてください」と頼むと、ほとんどの人が**図5-1**のような絵を描きます。

図5-1　頭の中で思い描くコーヒーカップ

スティーブン・パーマーは実際に世界中を旅して、いろいろな人に「コーヒーカップの絵を描いてください」と頼んで歩きました [Palmer 1981]。すると**図5-2**のような絵を描いてくれました。

図5-2　「コーヒーカップの絵を描いてください」と頼まれた人が描いた絵

こうした絵の何が興味深いかというと、「角度」と「視点」です。真横から見たカップのスケッチも2、3ありましたが、ほとんどは斜め上から見下ろし、やや右か左にずれた視点で描かれていました。これが「標準的な視点」となっているわけです。コーヒーカップを真上から見ると図5-3のようになりますが、こんな風に描く人はまずいません。

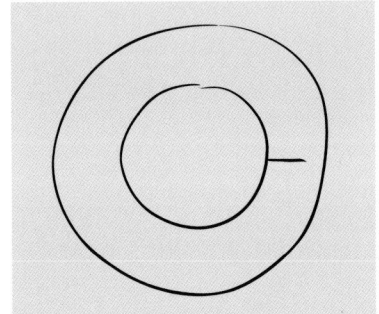

図5-3　コーヒーカップをこんな風に描く人はめったにいない

「当たり前じゃないの」という声が聞こえてきそうですが、なぜでしょうか？ 「コーヒーカップを実際に見るときにもこれと同じ角度で見ているときが多いから」と言う人がいるかもしれません。しかしこの研究ではほかにいろいろな物を見せて認識してもらうということもしましたが、その中には普段こんな角度では見ていないものもあるのに、どの場合でも標準的な視点で描かれた図の認識速度が最高でした。また、さまざまな動物（小型犬や猫など）の識別も頼みましたが、その場合もこの視点の場合が最高でした。猫や超小型犬を見るときは普通は「少し上から」ではなく、高い所から見下ろす形になるにもかかわらずです（まあ、床に這いつくばっていることが多い人なら別ですが）。どうやら、ある物について考えたり、思い出したり、頭の中で思い描いたり、識別したりするときには、この標準的な視点を使うのが万人に共通する傾向のようです。

ポイント
- 標準的な視点から見て描かれた絵や、この視点から見た物は、素早く認識でき、記憶もされやすいようです。
- ウェブサイトやアプリケーションでアイコンを使うなら、標準的な視点で描いたものを使いましょう。

006
人は過去の経験と予想に基づいて画面を見る

　コンピュータの画面で人がまず最初に見るのはどこでしょうか？　2番目に見るのは？　どこを見るかは、その人がそのときに何をしているかや、何を期待しているかに左右されます。左から右に読む言語なら、ユーザーは画面を左から右に見る傾向があります。右から左に読む言語ならその逆です。とはいえ、いちばん左上の角（あるいは右上の角）から見始める人はいません。ロゴや余白、ナビゲーションバーなど、今関心のある事柄とは関係の薄いものがあることを知っていますから、端は避けて画面の中のほうを見る傾向があるのです（図6-1）。

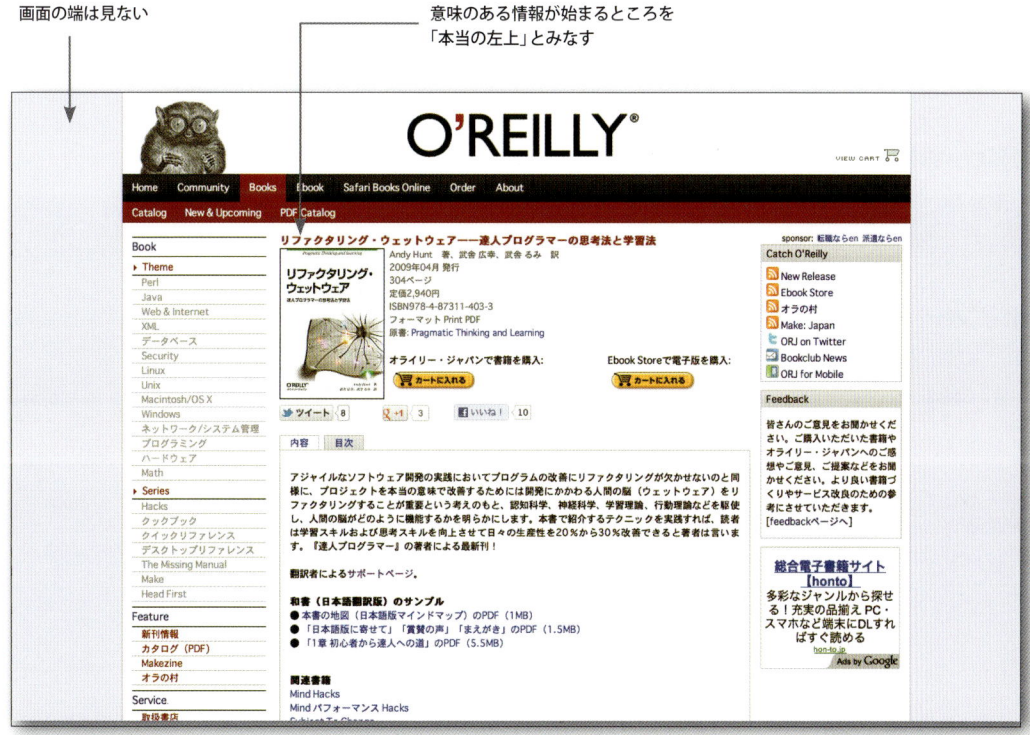

図6-1　画面の端は見ず、意味のある情報に目を向ける傾向がある

　人は普通、画面を一瞥したあとは、自分の使う言語で標準的な読み方（左から右、あるいは右から左、そして上から下）で移動していくものです。しかし画面上のほかの場

所に、大きな写真（特に顔が写っているもの）や動き（動くバナーやビデオ）など、注意を引くものがあると、標準的な読み方から逸脱することもあります。

メンタルモデル

人はコンピュータの画面を見るとき、特定の情報がどこに表示されることが多いかを意識しながら見ています。ウェブサイトを見たり、アプリケーションを使ったりするときは、サイトやアプリケーションごとに、どのような情報がどこに表示されるはずだという、あらかじめ構築された「メンタルモデル」に基づいて行動します。たとえば、よくアマゾンで検索フィールドを使って買い物をする人は、画面がロードされるとすぐに検索フィールドを見るといった具合です。

問題があると人は視野を狭める

進めている作業に誤りや予想外の問題が起こると、人は画面のほかの部分を見るのをやめて、問題の箇所に意識を集中させます。これについては9章で詳しく説明します。

ポイント

- いちばん重要な情報（あるいは注目してほしい物事）は画面の上から1/3までの場所か、画面中央に置きましょう。
- 重要なことは何であれ端に置いてはなりません。人は端を見ない傾向がありますから。
- 画面やページは普段読むときのパターンで移動できるようにデザインします。ある作業をするのに、画面上で大幅な移動を繰り返さなければならないようなパターンは避けましょう。

007
人は手がかりを探す

　取っ手を引けば開くと思ったドアを引いても開かず、押さなければならなかった。そんな肩すかしを食わせる取っ手に、皆さんも出くわしたことはありませんか。実世界では、多くの場合どう取り扱ったらよいか、その物自体が手がかりを示してくれるものです。ドアノブなら、その大きさと形状によって「つかんで回して」と教えてくれますし、マグカップの取っ手は「指を2、3本通して巻きつけて持ち上げて」と言っています。ハサミは「輪に指を通して、親指を上下させれば開閉する」と告げています。しかし最初にあげたドアの取っ手のように機能とは裏腹の手がかりを示されると、私たちはイライラします。こうした手がかりは「アフォーダンス」という概念と深くかかわっています。

　アフォーダンスはアメリカの知覚心理学者ジェームズ・ギブソンによる造語で、「自然が動物に提供するもの、またこれらの可能性ないしは機会のすべて」を表します [Gibson 1979]。したがって、アフォーダンスを人間の側から見ると「環境内に存在する取り得る行動のすべて」を表していると考えることもできます。その後、アメリカの認知科学者ドナルド・ノーマンがこのアイデアを発展させ「知覚可能なアフォーダンス」という概念を提唱しました [Norman 1988]。現実の世界であれコンピュータの画面上であれ、ある物を人に使わせて何らかの行動をとらせたいのであれば、それを使って何ができるのか、見ただけですぐわかるようにすべきだ、と論じたのです†。

　部屋のドアを開ける、あるいはウェブサイトで本を注文するといった「作業」をやろうとしているとき、私たちはほとんど無意識に周囲を見回し、役立つモノを探します。したがって、そうした作業を行う環境を設計する人は、その環境にあるモノが見やすく、見つけやすいものであるよう、配慮しなければなりません。

　図7-1のドアの取っ手を見てください。この形を見たら、つかんで押し下げようとする

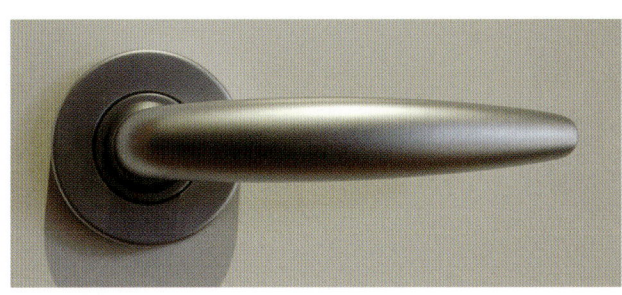

図7-1　「つかんで押し下げて」と語っている取っ手

† アフォーダンス（affordance）のもとは、動詞のafford（「～を提供する」「～利用可能にする」の意）です。なお、デザイン分野においては、アフォーダンスが「知覚可能なデザイン上の手がかり」の意味で使われている場合がありますので、注意が必要です。ノーマンはその後、『複雑さと共に暮らす —— デザインの挑戦』で、「アフォーダンス」という言葉の意味が曖昧になってしまったため、「知覚可能なデザイン上の手がかり」の意味では「シグニファイア（signifier）」という言葉を使ったほうがよいとしています。

でしょう。そのとおりに機能するなら、適切な設計の取っ手だということになります。

図7-2の取っ手は「つかんで引いて」と訴える形をしているにもかかわらずPUSH（押す）と書いてあるので、引いても開かないことがわかります。アフォーダンス（取り得る行動）とデザインがうまくマッチしていないということになります。

図7-2　PUSH（押す）と書いてあるにもかかわらず、デザイン的には「引く」と語っている取っ手

画面表示とアフォーダンス

アプリケーションやウェブサイトをデザインする際には、画面上のオブジェクトのアフォーダンスを考慮する必要があります。たとえば、人がボタンをクリックしたくなるのはなぜでしょうか？　ボタンに影を付けて手がかり（アフォーダンス・キュー）を与えれば、実際の機器のボタンを押すのと同じように、そのボタンも押せばよいのだということを示せます。

図7-3はリモコンのボタンの写真です。この形と影を見れば、ボタンを押して操作したくなるでしょう。

図7-3　物理的な機器のボタン。押せばよいことがすぐにわかる

コンピュータの画面でもこの影を上手に利用すればよいのです。図7-4ではボタンの周囲の色を工夫して、ボタンが押し込まれているように見せています。では、本を逆さまにしてこのボタンを見てみてください。今度は押し込まれているようには見えず、逆に「押してください」と合図する影になっているはずです。

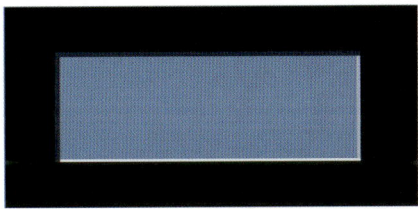

図7-4　押し込まれているように見えるが、本を逆さまにすると……

こうした視覚的なアフォーダンス・キューは些細なものではありますが大切な要素です。ウェブサイトでも図7-5の例のようなボタンがさかんに使われていましたが、最近は少なくなってきました。たとえば図7-6のボタンは色付きの四角形の中に文字が書かれているだけです。

図7-5　陰影が使われているおかげでボタンらしく見える

図7-6　ウェブサイトでは視覚的な手がかりを備えたボタンが以前ほど使われなくなってきた

ハイパーリンクとアフォーダンス

「下線付きの青いテキストはハイパーリンクになっていて、そこをクリックすれば別のページへジャンプする」という手がかりはほとんどの人が理解できます。ところが最近は見分けにくいハイパーリンクが多くなりました。マウスなどを動かしてポインタ（矢印）を上にもっていったときに初めて「クリックできる」ことがわかるのです。図7-7は

New York Times Readerのページでポインタを上にもっていく前の様子、**図7-8**はポインタを上にもっていったときの様子です。リンクだと認識するのに余分なひと手間がかかってしまいます。しかもこれをiPadなどのタブレット型端末で読む場合には、こうした手がかりがありません。iPadではマウスを動かすのと同じ効果を指では実現できません。指で画面にタッチした瞬間にリンクをクリックしたことになってしまうのですから。

図7-7　初めからアフォーダンス・キューが明示されていないTimes Readerの画面 　　図7-8　ポインタを動かして矢印を上にもっていくとポインタの形と全体の色が変わる

ポイント

- デザインをするときにはアフォーダンスに配慮しましょう。あるオブジェクトでできる操作の手がかりを示してあげれば、閲覧者がその行動をとる確率が上がります。
- オブジェクトを選択したときや、アクティブになっているときには、それを陰影によって示しましょう。
- 不適切なアフォーダンス・キューを使わないよう注意しましょう。
- スマートフォンやタブレットなどタッチ式の機器を対象にデザインをする場合は、ポインタを対象の上にもっていったときにだけ現れる手がかりは使わないようにしましょう。

008
人は視野の中の変化を
見逃すことがある

⭐ **ネタバレ注意**

「ゴリラビデオ」「ゴリラ実験」などと呼ばれるビデオをまだ見たことのない方は今すぐ見てください。筆者のブログでどうぞ —— http://www.whatmakesthemclick.net/2009/10/25/100-things-you-should-know-about-people-1-inattention-blindness/[†]（ただし、このビデオではゴリラではなく熊が登場します）。そしてテストを受けておいてください。そうしないと、以下の説明が「ネタバレ」になってしまいます。
このビデオの説明は英語で書かれていますが、「バスケットをしている人たちのうち、白い服を着ている人たちが何回パスをしたか」を数えてください。

[†] この本のサポートページにもリンクがあります。
http://www.marlin-arms.com/support/100things/

　「ゴリラビデオ」は「不注意による見落とし」あるいは「変化の見落とし」と呼ばれる現象の実例です。つまり、人間は自分の視野の中で大きな変化が起きても見落とすことがしょっちゅうある、ということです。これまでにさまざまな実験で立証されてきましたが、バスケットボールとゴリラを組み合わせた実験は特によく知られています（他の実験のビデオも上記URLの筆者のブログで紹介してあります）。
　この研究の追加実験を行ったのはクリストファー・チャブリスとダニエル・シモンズで、視線追跡装置を使い、この実験の結果を説明しました [Chabris 2010]。視線追跡とは、被験者がどこを見ているかを追跡できる技術、もっと詳しく言うと、中心窩が凝視しているところ（中心凝視）を追跡できる技術です（周辺視野は追跡しません）。前述のバスケットボールとゴリラのビデオを視聴している人の視線追跡を行ったところ、全員がゴリラを「見て」いました。つまり目ではゴリラをとらえていたのです。しかし自分がゴリラを見たことに気づいた人は50%しかいませんでした。チャブリスとシモンズはこの現象についてほかにもさまざまな実験を行った結果、次のような結論に達しました ——「人間はあることに集中していると、想定外の変化が起きた場合、それをあっさり見逃してしまうことがある」

視線追跡データは必ずしも正確ではない

視線追跡は被験者が見ているもの、見る順序、見ている時間を調べ、記録できる技術です。ウェブサイトを訪問した人が最初に見るところ、2番目に見るところ、といった具合に、ウェブサイトの調査によく使われます。この装置を利用すると、何を見ているかを本人に教えてもらわなくても直接データが集められます。しかしこの技術は必ずしも正確とは言えません。その主な理由は次のようなものです。

1. 視線追跡によって被験者が「何を見たか」はわかりますが、前述のとおり、だからといって「その見たもの」に本当に注意を払ったとは言い切れません。
2. この章の#002で紹介したラーソンとロシュキーの研究 [Larson 2009] によると、周辺視野も中心視野と同様に重要です。視線追跡で測定できるのは中心視野だけです。
3. アルフレッド・ヤーバスが行った研究 [Yarbus 1967] では、人が何を見るかは、見ている最中にされる質問に左右されるという結果が出ました。ですから視線追跡の調査前と調査中にどんな指示を出すかによって、結果として得られるデータを無意識に歪めてしまうことは大いにあり得るのです。

ポイント

- あるものが画面上にあるからといって、それを必ずしも見てもらえるとはかぎりません。このことが特に当てはまるのは、画面を更新して、一部だけを変更したときです。画面が更新されたことにさえ気づいてもらえないかもしれないのです。
- 確実に変更箇所に気づいてもらうには、視覚に訴える合図（点滅など）や聴覚に訴える合図（ビープ音など）を追加しましょう。
- 視線追跡データは慎重に解釈しましょう。重視しすぎたり、デザイン上の決定要因にしたりしないこと。

009
人は近くにあるものを
同じグループだと思う

　ふたつのもの（たとえば写真と文章）が近接していると、人はそのふたつが関連していると考えるものです。結びつきが特に強く感じられるのは、左右に並んでいる場合です。図9-1の写真に関連する文章は実は下にあるのですが、英語圏では左から右に読みますし、写真と右側の文章との間に空白がほとんどないことから、このふたつがセットになっていると思い込んでしまう可能性があるわけです。

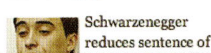

図9-1　この写真は右の記事の隣にあり、英語は左から右に読む言語であるため、右の文章の写真だと思い込む可能性があるが、実際に関係しているのは下にある記事

ポイント
- ひとつのグループとして見てもらいたい要素（絵や写真、見出し、本文など）はまとめて配置しましょう。
- 線や囲みを使って各要素の分離やグループ化をする前に、まずは要素同士の間隔を調整してみましょう。それで十分な場合は、ページ上の視覚的な「ノイズ」を減らせます。
- 関連のない要素は間隔を大きく取り、関連のある要素の間隔は詰めましょう。当たり前のようですが、レイアウト上のこうした工夫をしていないウェブページは多いのです。

010 赤と青を一緒に使うと目への刺激が強すぎる

　線や文字の色を変えて表示したり印刷したりすると、色によっては線や文字までの距離（視距離）が違っているように見える場合があります。手前に見える色もあれば、奥まって見える色もあります。この効果は「色立体視」と呼ばれています。差が最大になるのは赤と青の組み合わせですが、それ以外の、たとえば赤と緑といった組み合わせでも起こります。こうした色の組み合わせを使うと読みにくくなって目が疲れます。**図10-1**がその実例です。

図10-1　色立体視は目への刺激が強すぎることがある

ポイント
- ページまたは画面で、青と赤または緑と赤を近くに配置しないよう注意しましょう。
- 背景を赤にして青や緑のテキストを入れたり、背景を青にして赤や緑のテキストを入れたりするのは避けましょう。

011
男性の9％、
女性の0.5％が色覚異常

　色覚異常はほとんどが遺伝的なものですが、病気やケガで後天的に発症することもあります。色覚遺伝子は大部分がX染色体上にあります。男性にはX染色体がひとつしかなく、女性にはふたつあるので、女性より男性に色覚の問題が出やすくなります。

　色覚異常にはさまざまなタイプがありますが、赤、黄、緑の区別が難しいケースがもっとも多く、赤緑色覚異常と呼ばれています。青と黄の区別が難しかったり（青黄色覚異常）、すべてがグレーに見えたりする色覚異常は非常にまれです。

　米国ウィスコンシン州交通部のウェブサイトには冬季ドライブマップが掲載されていますが、色覚異常のない人がこれを見ると**図11-1**のようになります。**図11-2**は同じページを赤緑色覚異常の人が見た場合、**図11-3**は青黄色覚異常の人が見た場合です。

　色に特定の意味を持たせようとする場合の目安は「複数の体系(コード)を用意する」というものです。たとえば「色」のほかに「線の太さ」という体系も併用すれば、色覚異常の人でも「線の太さ」で判断できます。

　もうひとつの方法は、さまざまなタイプの色覚異常に対応できる色の組み合わせを用いるというものです。**図11-4**、**図11-5**、**図11-6**はある週のインフルエンザの流行状況を知らせるウェブページから借用したものですが、色覚異常の有無やタイプに影響を受けない色を意図的に選択しています。3つとも見え方がほとんど変わりません。

図11-1　正常色覚の人が見た場合

図11-2　赤緑色覚異常の人が見た場合

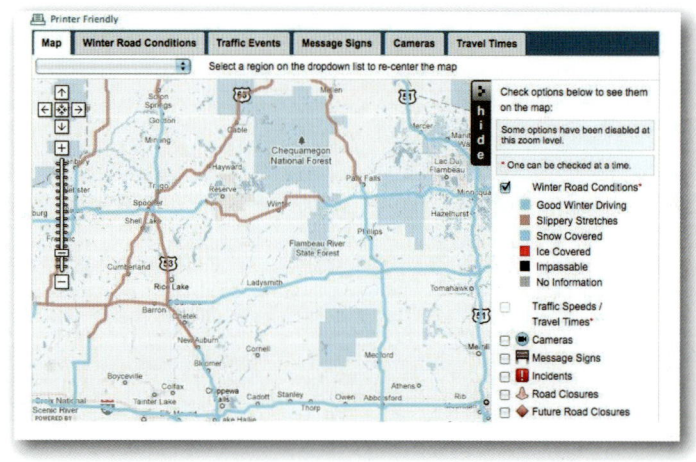

図11-3　青黄色覚異常の人が見た場合

24　1章　人はどう見るのか

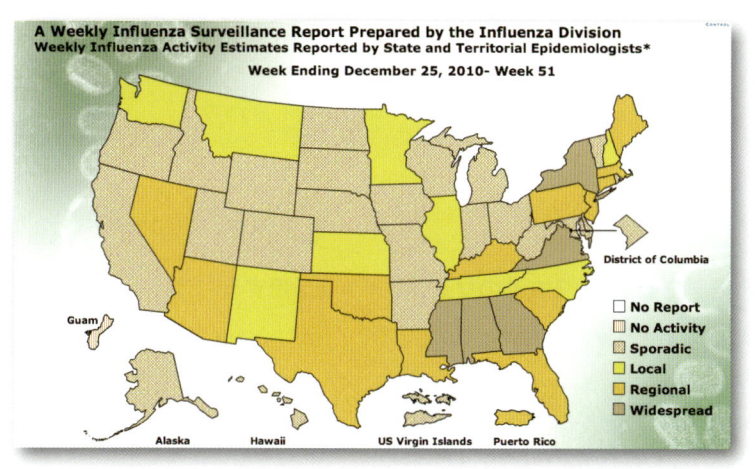

図11-4　正常色覚の人が見た場合（www.cdc.govより）

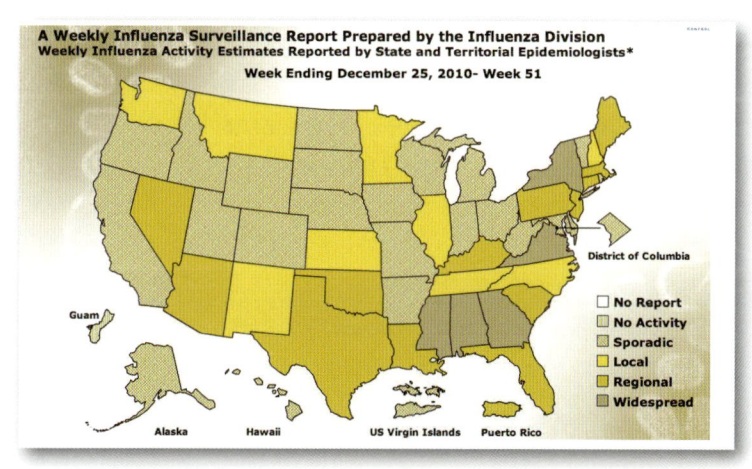

図11-5　赤緑色覚異常の人が見た場合

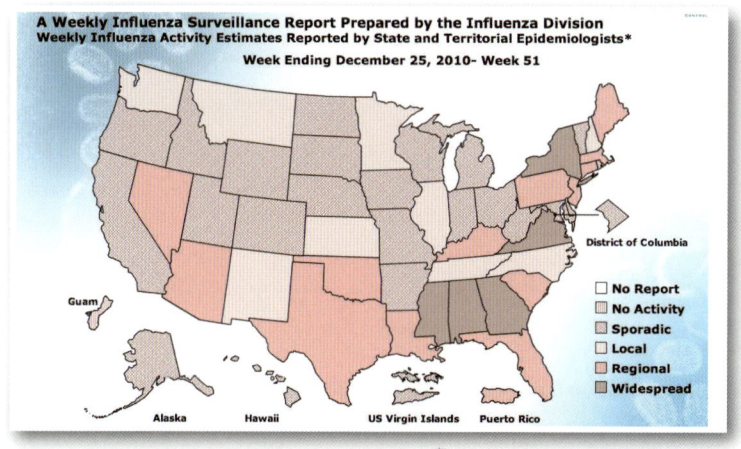

図11-6　青黄色覚異常の人が見た場合

011　男性の9%、女性の0.5%が色覚異常

⭐ 色覚異常の人への影響をチェックするためのウェブサイトを活用する

画像やウェブサイトが色覚異常の人にどう見えるかをチェックできるサイトがいくつかあります。私がお勧めするのは次のふたつです。

- http://www.vischeck.com/（日本語のページもきちんと表示される）
- http://colorfilter.wickline.org/（日本語は文字化けしてしまうが色のチェックは可能）

➡ 色覚異常の人は保護色などの擬態にだまされにくい

その理由としては、色によってごまかされることがないからという説もあれば、色覚異常の人は模様や質感など別の手がかりを頼りにする傾向があるからという説もあります。理由はともかく、色覚異常の人の中には、保護色などの擬態をほかの人よりうまく見破れる人がいます。

ポイント

- 画像やウェブサイトが色覚異常の人にどう見えるかは、www.vischeck.com や colorfilter.wickline.org などで確認しましょう。なお、Adobe Photoshop には、比較的人数が多い赤緑色覚異常（2種類あります）の人にどう見えるかを確認する機能が付いています。Photoshop の［表示］メニューの［校正設定］で［P型（1型）色覚］あるいは［D型（2型）色覚］を選択しておいてから、［表示］メニューの［色の校正］を選択することで確認できます。
- 色に特定の意味をもたせる場合（直ちに注目してもらわなければならない項目を「緑色」にするといった場合）、複数の体系を用意しましょう（直ちに注目してもらわなければならない項目を緑色にすると同時に四角で囲む、など）。
- 色分けを検討する際には、茶色と黄色の濃淡など誰でも区別のつく色を考えてみましょう。赤、緑、青は避ける必要があります。

012
文化によって色の意味が変わる

　何年も前、筆者のクライアントが社内向けに地図を作成しました。営業地域別に色分けして四半期の総収益を記載した地図です。米国東部は黄色、中央部は緑、西部は赤でした。営業担当副社長が演壇に上がり、経理財務職員を相手にスライドを見せ始めました。色分けした地図が映し出されると、職員たちがハッと息をのむのが聞こえ、それから場内が騒然となりました。副社長は話を続けようとしましたが、聴いている者などひとりもいません。だれもが周囲の同僚と話していたのです。

　ついにだれかが口走りました。「一体全体、西部はどうなってるんですか？」

　「どういう意味かね？」と副社長が聞き返しました。「何も起きちゃいない。西部はこの四半期、なかなかの収益を上げたよ」

　経理財務職員にとって、赤は「悪い状態」を意味します。損失を出していることにほかなりません。副社長は無作為に赤を選んだだけだと釈明することになりました。

　色には意味がありますし、何かを連想させる効果もあります。たとえば赤は「赤字」や経営難、時には危険や「止まれ」を意味します。緑は「金」（米国の場合）や、「進め」を表します。このように色には意味があるので、慎重に選びましょう。しかも人によって、同じ色でも違った意味を感じ取るかもしれないのです。

　世界のさまざまな地域の人々を対象にデザインする場合は、他の国や地域の文化における色の意味にも配慮しなければなりません。世界のどこに行ってもよく似た意味をもつ色もいくつかあります（たとえば金色は、ほとんどの文化で成功や高品質を表します）が、大部分の色は文化が異なると意味も異なります。たとえば米国で白は純潔を意味し結婚式で使いますが、白が死を意味し、葬儀で使う文化圏もあります。幸福を連想させる色も白、緑、黄、赤など地域によって異なります。

★ デビッド・マキャンドレスのカラーホイールで確認

InformationIsBeautiful.netのデビッド・マキャンドレスは、文化圏による色のイメージの違いをカラーホイールで表しています（http://www.informationisbeautiful.net/visualizations/colours-in-cultures/）。参考になる場合もあるでしょう。

このページに表示される円の外側に書かれている番号は、1がAnger（怒り）、10がCold（寒い、冷たい）、30がFreedom（自由）といったように、感情や状態などイメージを表します。円の中に書かれているAからJまでの文字は文化圏を表します。Aが西欧、Bが日本、Eが中国といった具合です。

▶ 色は精神状態に影響

色が精神状態に影響を与えることは研究で立証されています。こうした研究はレストランなどのサービス業の人々が熱心に行ってきました。たとえば米国では、オレンジ色は刺激が強く落ち着かない気分になり長居をしないことから、ファーストフード店に有効だとされています。一方、茶色や青色を見るとほっとするので長居をしますから、バーに向いています。ただし気分が左右されるほどの効果が得られるのは、その色に囲まれている場合であって、コンピュータの画面にその色がある程度では効果は見込めないようです。

ポイント

- 色は、見た人が思い浮かべる意味に配慮して慎重に選びましょう。
- 自分のデザインの対象となる主な文化圏（もしくは国）をいくつか選び、想定外の連想を招かないよう、InformationIsBeautiful.netに掲載されている文化のカラーチャートで確認しておきましょう。

2章 人はどう読むのか

全世界の成人の識字率が80%を上回り、ほとんどの人々にとって読むことが情報伝達の主たる手段となっています。ところで私たちはどのように読んでいるのでしょうか？ そして、ウェブページやアプリなどをデザインする場合、読むということについて何を知っておくべきなのでしょうか？

013
大文字がもともと読みにくいものであるという説は誤りである

　英語を読むとき、大文字だけで書かれた語は大文字と小文字の混在した語よりも読みにくい、という話を耳にしたことはありませんか？「14%から20%読みにくい」のように何らかの数値を示したものさえあったかもしれません。「我々は語や、語の集まりの形状を認識することによって読んでいる」という主張です。大文字と小文字の両方、あるいは小文字だけを使って書かれた単語は独特の輪郭をもちます。これに対してすべてが大文字で書かれた語はどれも同じ輪郭、つまり、ある大きさの長方形となります。ですから、理屈の上では大文字だけで書かれた単語のほうが区別がしにくいというわけです（図13-1）。

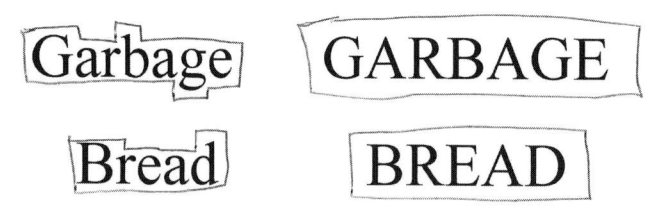

図13-1　単語の形状の違い

　この説はもっともらしく聞こえるのですが、実は正しくありません。単語の形が、より正確に、より速く読むのに役立っていることを示した研究はないのです。この理論はジェームズ・キャッテルという心理言語学者が1886年に発表したものです[Cattell 1886]。当時、その裏づけとなる根拠もいくらかはあったのですが、もっと最近のケニス・パープ[Paap 1984]やキース・レイナー[Rayner 1998]の研究によって、読んでいるときに実際に行っているのは文字の認識と予測であることが明らかになりました。そしてその文字をもとに単語を認識しているのです。私たちがどのようにして読んでいるのかをさらに詳しく見ていきましょう。

読むという作業は見かけほど滑らかなものではない

　私たちが何かを読んでいるとき、自分の目がページを滑らかにたどっていくように感じますが、実際はそうではありません。視点は、短い時間の静止を挟んで、素早く、急なジャンプを繰り返しているのです（これはどのような言語の文章を読んでいる場合でも同じです）。このジャンプ（一度に約7〜9文字分）のことをサッカードあるいは跳躍運動と呼び、静止している時間（約250ミリ秒）のことを固視あるいは停留などと呼びま

す。サッカードの間は何も見えないのですが、動きが非常に速いので、自分ではそれに気づきません。サッカードの際、目は先の方を見ることが多いのですが、後戻りして文字や語を読み直すこともあります（10〜15％程度）。

　図13-2にサッカードと固視のパターンを示します。黒点が固視を、曲線がサッカードの様子を表しています。

Fortunately these saccades are really fast so you are not blind for long.

They are so fast that you don't even realize they are happening.

図13-2　サッカードと固視のパターンの例

🡢 文章を読むときには周辺視野を利用している

英語の場合、サッカード1回の移動は7〜9文字分にあたりますが、実際に知覚している範囲はその2倍あります。ケネス・グッドマンは、人が文章を読んでいるときには次にくる文字を周辺視野で見ているということ発見しました [Goodman 1996]。左から右へ文章を読むときには、右側を見て一度に先の約15文字を読んでいるのです。ただし、サッカードのうちときどきは後方へジャンプして一群の文字を再読しています。一度に約15文字読み進むのですが、意味を読み取るのに使っているのは一部分だけです。意味を読み取る手がかりを1〜7文字から拾い上げて、8〜15文字は文字を認識しているだけなのです[†]。

★ 楽譜を読むのは文章を読むのに似ている

楽譜をすらすらと読む人は、文章を読むときと同じようにサッカードと固視を行っていて、先の15の「文字」相当分を見ています。

大文字ばかりでは読みにくいのか？

　たしかに、大文字だけの語や文章を読むのは実際に遅いのですが、それはそういう機会が少ないというだけのことです。私たちが読むものの大部分は大小の文字が混在して

[†] 日本語の認識については、たとえば岩田誠、河村満編『神経文字学——読み書きの神経科学』[Iwata 2007] や、メアリアン・ウルフ著『プルーストとイカ——読書は脳をどのように変えるのか？』[Wolf 2008] などが参考になります。

いるので、それに慣れているわけです。大文字だけで書かれた文章を読む練習をすれば、やがては大小の文字が混在した文章と同じ速さで読めるようになるでしょう。とは言っても、これから書く文章をすべて大文字だけにすべきだということではありません。そういったものを読むことに世の人々は慣れていないので、読む速度が遅くなってしまいます。それに近頃では、大文字ばかりの文章は「大声を出している」ように受け取られます（**図13-3**）。

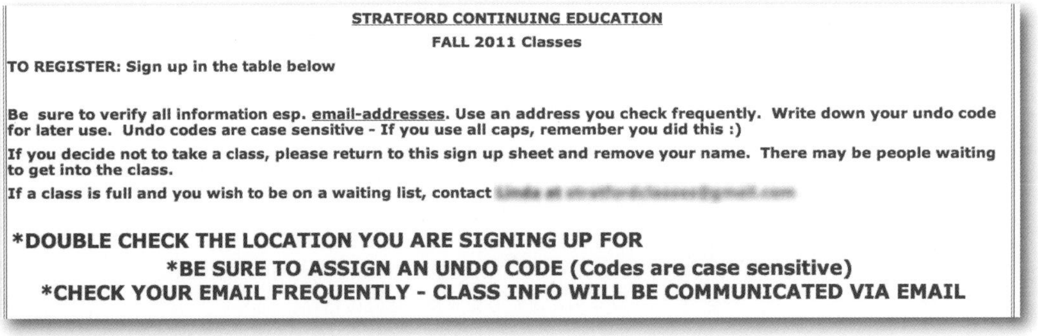
STRATFORD CONTINUING EDUCATION

FALL 2011 Classes

TO REGISTER: Sign up in the table below

Be sure to verify all information esp. email-addresses. Use an address you check frequently. Write down your undo code for later use. Undo codes are case sensitive - If you use all caps, remember you did this :)

If you decide not to take a class, please return to this sign up sheet and remove your name. There may be people waiting to get into the class.

If a class is full and you wish to be on a waiting list, contact

*DOUBLE CHECK THE LOCATION YOU ARE SIGNING UP FOR

*BE SURE TO ASSIGN AN UNDO CODE (Codes are case sensitive)

*CHECK YOUR EMAIL FREQUENTLY - CLASS INFO WILL BE COMMUNICATED VIA EMAIL

図13-3　大文字だけで書かれたものは大声を出しているような印象を与えるが、大文字自体がもともと読みにくいわけではない（http://www2.mysignup.com/cgi-bin/view.cgi?datafile=fall2011classesより引用）

大文字に関する研究の優れた要約

大文字のみの文章と大文字小文字が混在した文章の比較については、ケビン・ラーソンによるレポートが参考になります。

http://www.microsoft.com/typography/ctfonts/wordrecognition.aspx

ポイント

- 英語の場合、大文字ばかりで書かれた文章は大声を出しているような印象を与えますし、一般の人は読み慣れていないので、控えめにしてください。
- 大文字だけによる表記は、見出しや、特別に注意を喚起する必要があるとき（たとえば重要なファイルを削除する場合）のために取っておきましょう。

014
読むことと理解することは同じではない

皆さんが生物学者なら、次の一節をすぐに理解できるでしょう。

TCA回路の調節作用はおおむね、存在している基質の量と生成物による阻害に依っている。TCA回路において、コハク酸デヒドロゲナーゼを除くすべてのデヒドロゲナーゼが生成するNADHは、ピルビン酸デヒドロゲナーゼ、イソクエン酸デヒドロゲナーゼ、α-ケトグルタル酸デヒドロゲナーゼを阻害し、他方、スクシニルCoAはスクシニルCoAシンテターゼおよびクエン酸シンターゼを阻害する。

生物学者でもなければ、上の文章が述べていることを理解するのに相当な時間がかかるでしょう。文章を読めても、それだけで理解したことにはなりません。新しく取り込んだ情報は、すでに持っている認知構造の中に組み込まれてこそしっかりと自分のものになるのです。

▶ 英文の可読性尺度

文章の可読性尺度を求めるには、英語の場合、一般にFlesch-Kincaid式（フレッシュ=キンケード）が使われます。この式で、文章の難易度を表す数値が算出できます。数値は大きいほど文章が読みやすく、易しいことを意味します。この数値は次の式で計算します。

$$206.835 - 1.015 \left(\frac{全単語数}{すべての文の数} \right) - 84.6 \left(\frac{全音節数}{全単語数} \right)$$

これ読める？

Eevn touhgh the wrosd are srcmaelbd, cahnecs are taht you can raed tihs praagarph aynawy. The order of the ltteers in each word is not vrey ipmrotnat. But the frsit and lsat ltteer msut be in the rhgit psotitoin. The ohter ltetres can be all mxeid up and you can sitll raed whtiuot a lot of porbelms. This is bceusae radenig is all aobut atciniptanig the nxet word.

たごんの もじが ごゃちちごゃに いれわかってていも、この だんらくを よめる かせいのうは あまりす。かく たんごちゅうの もじの じんゅじょは そほれど じょゆううでは あませりん。たしだ、たんごの せとうんと まびつの もじは ただしい いちに なれければ なりせまん。そのたの もじは いちが またっく いれわかてっいもて、たしいた なんなもく よのるめです。これは、つぎに くる たんごを よくそしいてる ためです。

人が文章を読むときには、文字や単語を正確に読み取ってそれから意味を取っているわけではありません。次にくるものを予測するのです。あらかじめ持っている知識が多ければ多いほど、予想に基づいて意味を取ることが容易にできます。

➡ 可読性尺度を算出するためのオンラインツール

ワープロソフトの中には、Flesch-Kincaid式の計算機能が用意されているものがあります。また、実際の文章の可読性尺度を算出してくれる以下のオンラインツールを利用することもできます。

　　http://www.standards-schmandards.com/exhibits/rix/index.php

筆者のブログ記事（www.whatmakesthemclick.net）の一節で試してみた結果を図14-1に示します。

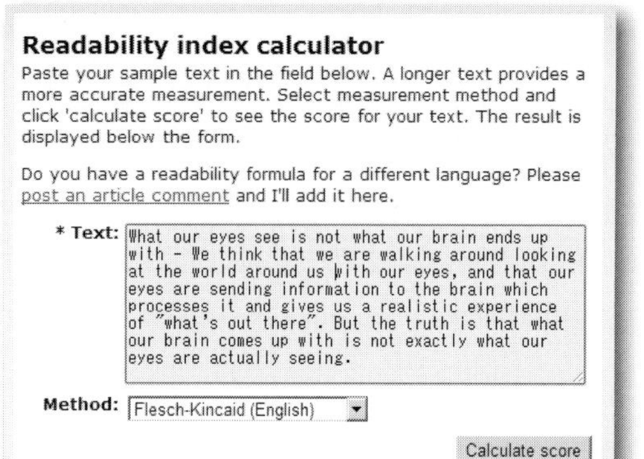

図14-1　筆者のブログ記事の文章で可読性を算出した例。Grade levelが15なので、大学生レベルということになる

表題と見出しは決定的に重要

次の一節を読んでみてください。

まず分類をします。色で分けるのが一般的ですが、生地や扱い方など他の特性で分けてもよいでしょう。分け終わったら準備完了です。この別々に分けたグループごとに処理していくことが大切です。一度にひとつのグループだけを入れてください。

何のことを言っているのでしょうか？　わかりにくいですね。ところが同じ文章に表題を付けたらどうでしょう？

この洗濯機の使い方

まず分類をします。色で分けるのが一般的ですが、生地や扱い方など他の特性で分けてもよいでしょう。分け終わったら準備完了です。この別々に分けたグループごとに処理していくことが大切です。一度にひとつのグループだけを入れてください。

この文章はまだ拙いものですが、少なくとも理解できるものになりました。

➡ 人が単語を処理するときには脳のいろいろな部分を使っている

単語を処理するといっても、何をするかによって使う脳の部位が変わります。単語を読む、聞く、話す、動詞を作り出す —— 図14-2に示すように、行為の種類によって、活動する脳の部位が異なるのです。

読んだもののうち記憶に残る内容は立場によって異なる

アンダーソンとピチャートの研究 [Anderson 1978] では、被験者に家とその中にあるものについての記述を読んでもらいました。ある被験者のグループは、購入者の立場になって読むように指示され、もうひとつのグループは泥棒の立場で読むように指示されました。すると、記述を読んだあと被験者たちが記憶していた内容が、各人のとった立場によって違っていました。

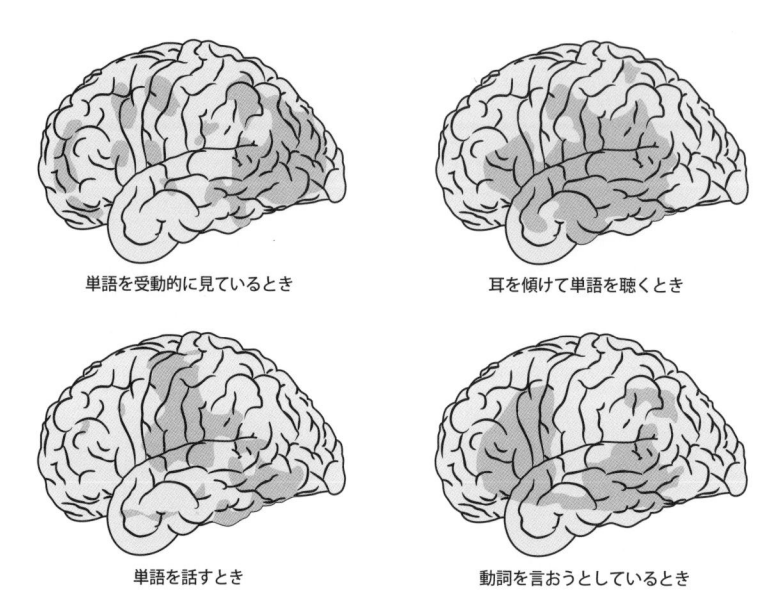

単語を受動的に見ているとき　　　　耳を傾けて単語を聴くとき

単語を話すとき　　　　　　　　　　動詞を言おうとしているとき

図14-2　単語をどう処理するかによって活動する脳の部分が異なる

ポイント

- 読むことは能動的な行為です。読んだものについて理解したり記憶に残ったりする内容は、その人の過去の経験や読んでいるときの観点、事前に与えられた指示に影響されます。
- 文章を読む人が、その中に記されている特定の情報を必ず記憶してくれると決めてかかってはなりません。
- 意味のある表題や見出しを付けてください。これはとても重要です。
- 文章の難易度を、対象とする読者に合わせましょう。幅広い読者に読んでもらうには、短くてやさしい単語を使う必要があります。

015
パターン認識のおかげでフォントが異なっても同じ文字だと認識できる

　どのフォントが良いか、読みやすいか、どれを使うのが適切かについては、もう何百年にもわたって議論されてきました。そうした論点のひとつに、セリフ（線の端に飾りが付いた書体）かサンセリフ（飾りがない均一な太さの書体）かというものがあります[†]。サンセリフの書体のほうがシンプルで読みやすいと主張する人もいますし、セリフの書体は目を次の文字へと導くので、こちらのほうが読みやすいと反論する人もいます。実際には、読み取りやすさの点でも読む速度の点でも、好まれる度合いでも、ふたつの書体に差がないことが実証されています。

[†] 日本語フォントでは、明朝体がセリフ書体、ゴシック体（ゴチック体）がサンセリフ書体に分類されます。この本で使っている書体がゴシック体です。

➡ 人間はパターン認識によって文字を識別する

図15-1にあるどの記号も文字の「A」として認識できるのはなぜでしょうか？

図15-1　Aの書き方のバリエーション

　文字Aのすべてのバリエーションを記憶しているわけではありません。Aはどんな風に見えるかという記憶パターンを形成しているのです。似たものを目にすると脳がそのパターンを認知します（形の認識については#003のジオン理論に関する解説を参照してください）。

　デザイナーはフォントを雰囲気やブランドイメージを醸し出したり、連想を呼び起こしたりするために使います。フォントファミリーには、時代感（古めかしさや現代的な感じなど）を出すものもあれば、真面目さやおちゃめな感じを伝えるものもあります。読みやすさという点では、装飾的すぎて何の文字か識別しにくいようなものでないかぎりどのフォントを選んでも問題はありませんが、中には脳が形状パターンを認識する妨げになるものもあります。

　図15-2にさまざまなフォントを示しました。いずれも装飾的なフォントです。ただし、最初のフォントは比較的読みやすいですが、その他のフォントは読みにくく感じるでしょう。脳が文字の形状パターンを認識するのが難しくなるためです。

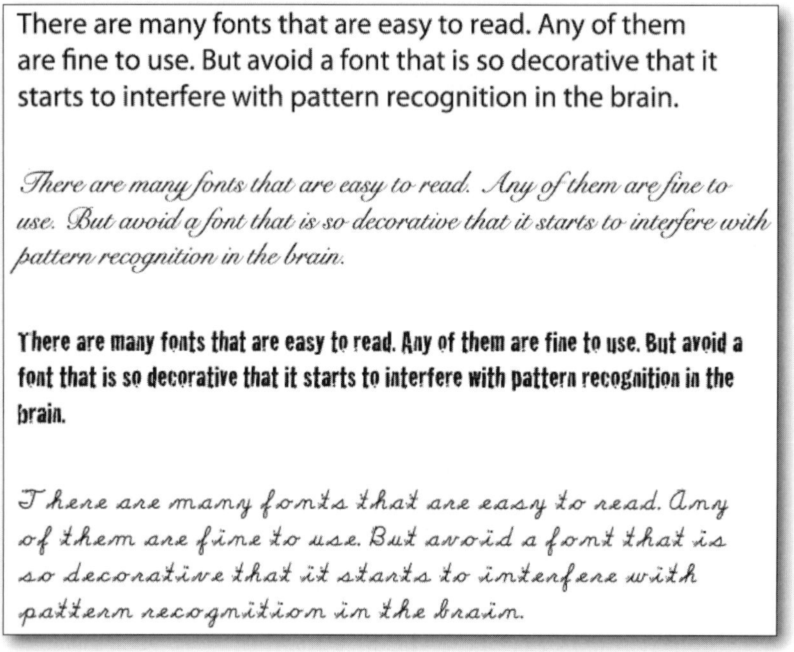
There are many fonts that are easy to read. Any of them are fine to use. But avoid a font that is so decorative that it starts to interfere with pattern recognition in the brain.
There are many fonts that are easy to read. Any of them are fine to use. But avoid a font that is so decorative that it starts to interfere with pattern recognition in the brain.
There are many fonts that are easy to read. Any of them are fine to use. But avoid a font that is so decorative that it starts to interfere with pattern recognition in the brain.
There are many fonts that are easy to read. Any of them are fine to use. But avoid a font that is so decorative that it starts to interfere with pattern recognition in the brain.

図15-2　装飾的なフォントには読みやすいものもあれば、そうでないものもある

読みやすいフォントはたくさんあります。そういったフォントならばどれを使ってもかまいません。しかし過度に装飾的なフォントは避けたほうがよいでしょう。脳のパターン認識の妨げになります。

参考ページ

フォントの種類やタイポグラフィ、読みやすさに興味がある人には、次のウェブサイトが参考になるでしょう†。

　http://alexpoole.info/which-are-more-legible-serif-or-sans-serif-typefaces

† 日本語の場合は高橋佑磨氏と片山なつ氏によるTsutawarudesignのサイトが参考になります。http://tsutawarudesign.web.fc2.com/yomiyasuku1.html

読みにくいフォントを使うと文章の意味が欠落してしまう

　ヒュージン・ソンとノーバート・シュワルツは、運動のしかたを書いたものを被験者に渡しました [Song 2008]（**図15-3**）。読みやすいフォント（Arialなど）で書かれたものを受け取った人たちは、その運動が8分程度を要するたいして難しくないものだと判断しました。そして毎日の運動に進んで組み入れました。ところが（Brush Script MT Italicなど）過度に装飾的なフォントで書かれたものを渡された人たちは、その運動が倍近い時間（15分）を要する難しい運動だと判断してしまいました。また、それを毎日の運動に

組み入れるのは気が進まないようでした。

> Tuck your chin into your chest, and then lift your chin upward as far as possible. 6-10 repetitions.
> Lower your left ear toward your left shoulder and then your right ear toward your right shoulder. 6-10 repetitions.
>
> *Tuck your chin into your chest, and then lift your chin upward as far as possible. 6-10 repetitions.*
> *Lower your left ear toward your left shoulder and then your right ear toward your right shoulder. 6-10 repetitions.*

あごを胸まで引く。そのあとあごをできるだけ高くあげる。これを6〜10回繰り返す。
左耳を左肩のほうに下げて近づけ、そのあと右耳を右肩に近づける。これを6〜10回繰り返す。

図15-3　指示文が2番目のフォント（Brush Script MT Italic）のように読みにくい文字で書かれていると、読んだ人は指示の内容を実行しにくいものだと考えがち

ポイント

- フォントのセリフとサンセリフは、読みやすさの点では変わりません。
- 珍しいフォントや過度に装飾的なフォントはパターン認識を妨げるため、読む速度が落ちます。
- フォントが読みにくいと、人はそのうまくいかない感覚を文章の意味のほうに転嫁し、文章の内容が理解しにくいとか実行しにくいとか判断してしまいます。

016 文字の大きさは理解度を左右する

　文字について、よく問題になるのがその大きさです。読者が文章をストレスなく読めるよう十分大きな文字を用いるべきです。大きな文字はお年寄りのためだけでなく、若者からも文字が小さすぎて読みにくいという苦情は寄せられます。

　フォントには、サイズが同じでも「エックスハイト（x-height）」によって大きく見えるものがあります。エックスハイトとは、そのフォントの中の小文字のxの高さ（height）のことです。フォントによってエックスハイトは異なり、そのためポイント数が同じでも他より大きく見えるフォントがあります。

　図16-1にフォントサイズとエックスハイトの定義を示します。

図16-1　フォントサイズとエックスハイトの定義

　新しいフォントの中には、VerdanaやTahomaのように、画面上で読みやすいようエックスハイトを大きめにしてデザインされたものがあります。図16-2に示したフォントは、どれもポイント数は同じなのですが、エックスハイトが大きいために他よりも大きく見えるものがあります。

ポイント
- 幅広い年齢層の人が楽に読めるように、十分な大きさの文字を選択しましょう。
- 英語の文章の場合、画面上で見るものについては、活字が大きく見えるようにエックスハイトの大きなフォントを使用しましょう。

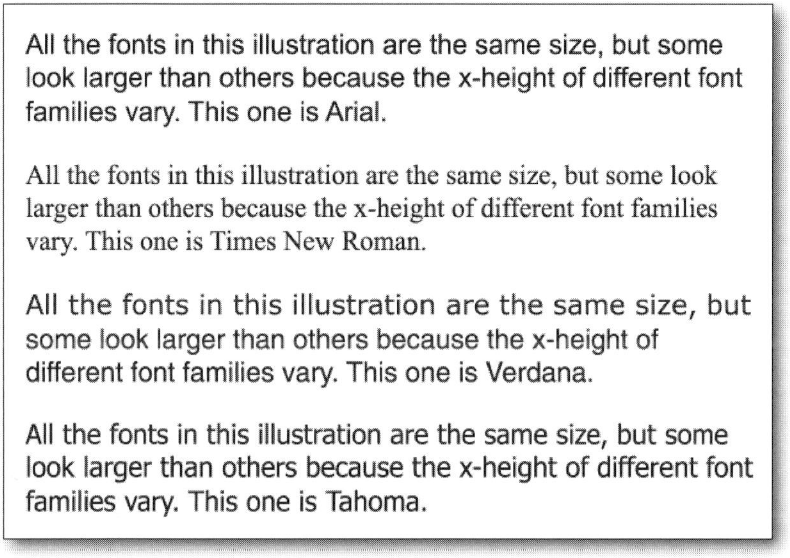

> All the fonts in this illustration are the same size, but some look larger than others because the x-height of different font families vary. This one is Arial.
>
> All the fonts in this illustration are the same size, but some look larger than others because the x-height of different font families vary. This one is Times New Roman.
>
> All the fonts in this illustration are the same size, but some look larger than others because the x-height of different font families vary. This one is Verdana.
>
> All the fonts in this illustration are the same size, but some look larger than others because the x-height of different font families vary. This one is Tahoma.

どれもポイント数は同じですが、エックスハイトが大きいために大きく見えるフォントがあります。

図16-2　エックスハイトが大きいとフォントが大きく見える。上からArialフォント、Times New Romanフォント、Verdanaフォント、Tahomaフォント

017
コンピュータの画面上のものは 紙に書かれたものより読みにくい

　文字の読みやすさは表示媒体によって変わります。コンピュータ画面で読む場合とアマゾン・キンドルで読む場合、そして紙で読む場合では読みやすさが違うのです。コンピュータの画面上で読む場合、像は「静的」ではありません —— 画面が光を発していますし、再描画（リフレッシュ）されています。紙に書かれた文章を読む場合は、像が静的で（リフレッシュがなく）、紙は光を発するのではなく反射しています。コンピュータ画面の像のリフレッシュと発光は目を疲れさせます。これに対して（キンドルで使われているような）電子インクは光を反射し、リフレッシュなく静的に文字を表示します。

　コンピュータの画面上の文章を読みやすくするには、必ず十分な大きさのフォントを使用して、前景（文字）と背景に十分なコントラストを付ける必要があります。図17-1に示すように、白の背景に黒の文字が読みやすい最良の組み合わせです。

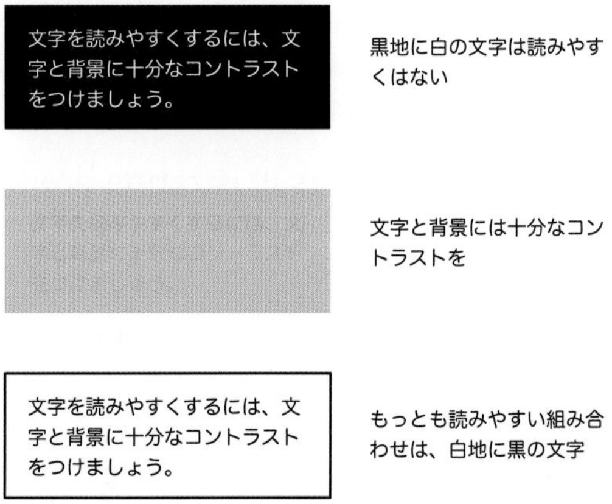

| 文字を読みやすくするには、文字と背景に十分なコントラストをつけましょう。 | 黒地に白の文字は読みやすくはない |

| | 文字と背景には十分なコントラストを |

| 文字を読みやすくするには、文字と背景に十分なコントラストをつけましょう。 | もっとも読みやすい組み合わせは、白地に黒の文字 |

図17-1　白の背景に黒の文字がもっとも読みやすい

ポイント

- コンピュータの画面上で読まれる文章には大きな文字を使いましょう。目の負担を抑えるのに有効です。
- 文を短く切ってください。段落（パラグラフ）も短くし、箇条書きや写真を活用しましょう。
- 十分なコントラストの出せる前景色（文字色）と背景色を選んでください。もっとも読みやすいのは白の背景に黒の文字です。
- 読む価値のある内容にするよう努めてください。結局は、ウェブページの文章が閲覧者にとって興味深いものかどうかが重要なのです。

018 長い行のほうが速く読めるが一般には短い行のほうが好まれる

　画面に表示する文章のカラム幅を決める必要に迫られたことはありますか？　幅広のカラムにすべきでしょうか？　狭いカラムがよいでしょうか？　あるいはその中間でしょうか？　答えは、そのページを速く読んでほしいか、それともページを気に入ってほしいのかによって決まります。

　メアリー・ダイソンは行の長さについての研究を行い、さらに他の研究を調べ上げて、どのくらいの長さが好まれるかを推定しました [Dyson 2004]。それによれば、英語の文章の場合、1行100文字が画面上で読む速さの点では最適ですが、一般には短いか中程度（1行あたり45〜72文字）の長さのほうが「好まれる」ことが示されました。図18-1に行が短い場合と長い場合の例を示します。

長い行のほうが速く読める　　　　　　　　　　　　　　　　短い行のほうが好まれる

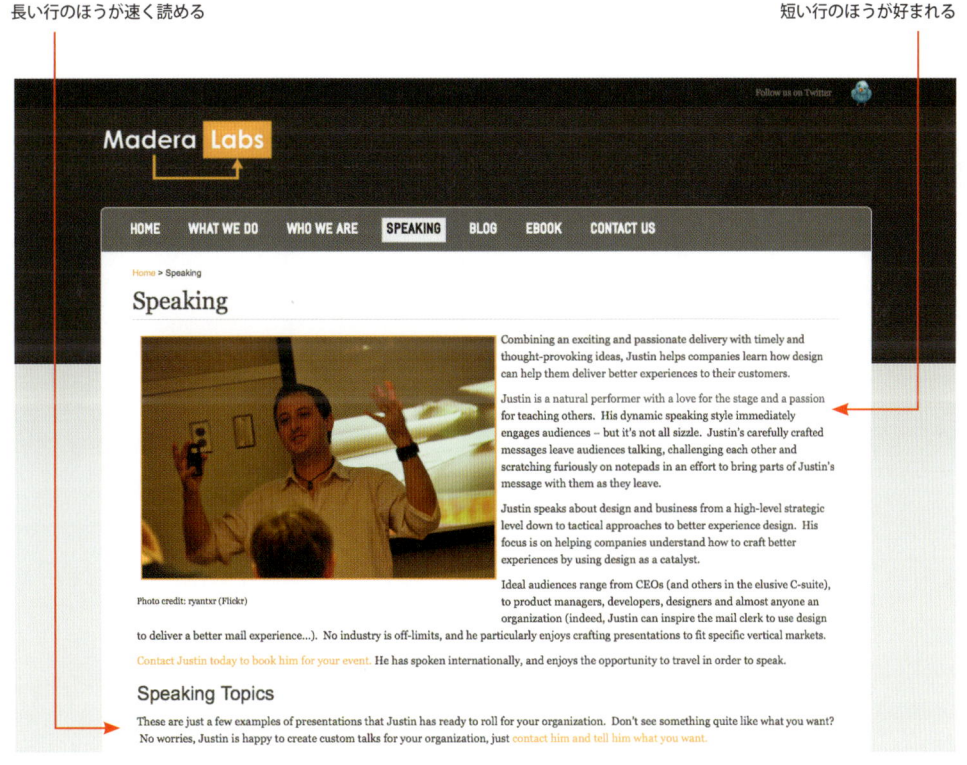

図18-1　行の長さと読む速さの関係は？（www.maderalabs.com より）

★ 長い行のほうが速く読めるのはなぜか？

行末に達するごとに、サッカードと固視による目の動きが中断されます。行が短いと、文章全体を読んでいく中でこの中断の発生回数が多くなるのです。そのため、長い行のほうが速く読めるわけです。

この研究では、幅の広いシングルカラムのほうが速く読めるものの、一般には**図18-2**に示すようなマルチカラムのほうが好まれることも明らかになりました。

図18-2　幅の広いシングルカラムのほうが速く読めるが、一般にはマルチカラムのほうが好まれる

人にどちらが好みかと尋ねると、行の短いマルチカラムだと答えるでしょう。面白いことに、どちらが速く読めるかと尋ねると、それも行の短いマルチカラムだと言い張るのです。データは逆を示しているのですが。

ポイント

- 一般に好まれるのは短い行からなるマルチカラムのページです。ただし、長い行にしたほうが速く読めることがわかっています。
- 読まれる速度を重視するなら行を長くしましょう。
- 速度がそれほど重要でなければ行を短くしましょう。
- 複数ページにわたる記事の場合は、マルチカラムにして行を短くすることを考えてみてください。

3章 人はどう記憶するのか

まず記憶力テストをしてみましょう。次のリストを30秒ほど繰り返し読んでから、この章を読み進めてください。

ミーティング	コンピュータ	電話
仕事	書類	椅子
プレゼンテーション	ペン	書棚
オフィス	社員	テーブル
締め切り	ホワイトボード	秘書

このリストについては後でまた触れます。それではまず、人間の記憶の不確かさと複雑さについて考えていきましょう。

019
ワーキングメモリの限界

　誰しも次のような経験があるのでは？　電話で誰かと話していますが、「この電話が終わったらすぐに○○さんに電話してほしいんだけど」と電話番号を告げられます。伝えられた情報を書き留めるペンも紙もないので、忘れないように何度も何度も電話番号を繰り返します。電話番号が頭の中に残っているうちに電話できるよう、なるべく早く電話を切ろうとします。こんな状況で電話番号を覚えるのはなかなか大変です。

　このように短い間だけ覚えておくタイプの記憶がどう機能するかについて、心理学ではさまざまな理論があります。まず、このような記憶の呼び名ですが、短期記憶と呼ばれることもあれば、ワーキングメモリあるいは作動記憶、作業記憶などとも呼ばれます。この章ではこのような「ちょっと覚えておく記憶」──1分足らずの間だけ覚えておくときに使う記憶──のことを「ワーキングメモリ」と呼ぶことにします。

ワーキングメモリと集中

　ワーキングメモリに覚えておける情報の量はそれほど多くはなく、そうした情報はすぐ忘れてしまいます。たとえば誰かの名前と電話番号を覚えようとしているときに別の人から話しかけられれば、だいたいの人は名前も電話番号も忘れてしまうでしょう。ワーキングメモリの内容は集中していないと失われてしまうのです。これは、ワーキングメモリが集中する能力と深く結びついているからです。ワーキングメモリに情報を留めておくにはそこに注意を向け続けなくてはなりません。

▶ ワーキングメモリが活動していると脳が活性化する

　記憶に関するさまざまな理論は、古くは1800年代から登場しています。現代では、fMRI（機能的核磁気共鳴画像法）という技術を使うことで、被験者がさまざまな課題や、画像、言語、音といった種類の異なる情報を処理する際、脳のどの部分が活性化するかを実際に見ることができます。ワーキングメモリを使う課題の場合、注意力をつかさどる前頭前皮質（脳の額のすぐ内側にあたる部分）が活性化しますが、脳の他の部位も活動します。たとえば言葉や数を覚える課題なら左半球にも活動が見られますし、地図から目標物を探し出すような空間把握に関する課題では右半球も活性化します。

　もっとも興味深いのは、ワーキングメモリの使用中には前頭前皮質と各脳領域との間でやり取りされる信号が増加することでしょう。ワーキングメモリが活動しているあいだ、前頭前皮質は戦略を選択し、何に注意を向けるかを決定しています。これが記憶に大き

な影響を与えるのです。

⭐ ストレスはワーキングメモリに悪影響を与える

fMRIを使って脳をスキャンすると、ストレスを受けた場合に前頭前皮質の活動が低下することがわかります。これはストレスによってワーキングメモリの効率が低下することを意味しています。

ワーキングメモリと感覚系からの入力

面白いことに、単位時間内に処理している感覚系からの入力量とワーキングメモリとのあいだには、一方が増加すれば他方が減少するという逆の相関があります。ワーキングメモリの機能が優れている人は自分の周囲で起こっていることを選別して無視する能力に長けています。何に注意を向けるべきかを前頭前皮質が決定します。周囲からの感覚刺激をすべて遮断し、ワーキングメモリにあるただひとつのことに注意を向けられれば、それを覚えていられるわけです。

⮕ ワーキングメモリの容量と学校の成績は比例する

最近の研究では、ワーキングメモリと学業成績の関連が指摘されています。トレーシー・アロウェイは、5歳児の集団でワーキングメモリの容量を調査し、その後、長期間にわたり被験児を追跡しました [Alloway 2010]。その結果、5歳時点でのワーキングメモリの量と高校以降の成績に相関が見られました。ワーキングメモリの容量が大きいほど学校での成績がよかったのです。ワーキングメモリは先生からの指示を覚えておくのに重要ですし、あとで触れるように長期記憶にも関与しています。ここで強調したいのは、ワーキングメモリの量はテストできるという点です。つまり、子どものワーキングメモリの量がテストできれば、その結果を見て対策を立てられるということになります。どの生徒が学業に関する問題を抱える可能性があるかを比較的早期に見きわめることができるわけですから、教師や保護者が早い時期から対処できるのです。

ポイント

- 画面が変わってもユーザーが情報を覚えていると期待してはなりません。あるページで読んだ文字や数字を別のページで入力させるようなことをしてはなりません。ユーザーは忘れてしまっていて、イライラすることになりかねません。
- ワーキングメモリにあることを忘れてほしくないなら、ワーキングメモリを使う必要のある課題を完了するまで、他のことをさせないようにしましょう。ワーキングメモリは「じゃま」に弱いのです。感覚系からの入力が多すぎると集中が妨げられます。

020
一度に覚えられるのは4つだけ

　人間工学、ユーザビリティ、心理学、記憶などといった分野に関心のある人なら、きっと「魔法の数字は7±2」という言葉を耳にしたことがあるでしょう。しかしこれは筆者に言わせれば都市伝説です。ジョージ・A・ミラーによると「人が一度に記憶できるのは5個から9個（7±2）で、一度に処理できる情報の数は7±2個である」というのです[Miller 1956]。この説に従うと、メニューの項目は5つから9つに、画面上のタブは5つから9つにしなければならないというわけです。しかし、これは少し間違っています。

都市伝説の由来
　アラン・バッドリーという心理学者が、この「7±2」説に疑問をもちました。バッドリーはミラーの論文を精査し、これは実際の研究に基づいて書いたものではなく、ミラーがある会議で行った講演の内容であることを明らかにしました[Baddeley 1994]。ミラーは、「人が一度に処理できる情報の量には何らかの限界が内在しているのではないか」という自分の考えを講演で述べたにすぎないというのです。

　バッドリーは人間の記憶と情報処理について研究し、数多くの実験を行いました[Baddeley 1986]。ネルソン・コーワンなど、他の研究者もバッドリーの研究を継続しています[Cowan 2001]。現在の研究によると「魔法の数」は4なのです。

チャンクを使えば4が5にも6にもなる
　人は気が散ったり、情報の処理を邪魔されたりしなければ、3個あるいは4個の事柄をワーキングメモリに覚えておくことができます。

　記憶力を補うために誰もが利用する興味深い工夫が、情報をいくつかの「まとまり」——チャンク——に分けてグループ化するというものです。アメリカの電話番号が次のようになっているのは偶然ではありません。

　712-569-4532

　電話番号を覚えるとき、10個の数字をバラバラに覚えるのではなく、3つあるいは4つの数字のチャンク3つを覚えるようになっています。市外局番を覚えていれば（つまり長期記憶に入っていれば）その部分は覚える必要がないため、ひとつのチャンク全体を無視できます。

その昔、電話番号はもっと覚えやすいものでした。電話をかける相手が主に同じ地域の人たちだったので、市外局番をワーキングメモリに入れる必要がなかったのです。市外局番は、このすぐ後で説明する長期記憶に記憶されていました。以前、アメリカでは電話をかける相手が同じ市外局番なら、市外局番は省略できました（今は米国内のたいていの場所でこうはいきません。もちろん、携帯電話を使う場合も市外局番は省略できません）。しかも町中の全員が同じ市内局番でしたから話は簡単でした。自分の町の同じ市内局番の人に電話する場合には、最後の4桁を覚えるだけでよかったのです。これなら大したことはありません（筆者が時代遅れな話をしていることは承知しています。現在ウィスコンシン州の小さな町に住んでいますが、ここの人々は自分の電話番号を人に教える際、今でも最後の4桁しか言いません。4桁だけ教わっても電話はできないのですが……）。

4の法則は記憶の呼び出しにも当てはまる

　同時に覚えられるのは4個という「4の法則」が当てはまるのはワーキングメモリについてだけではありません。長期記憶にも当てはまります。ジョージ・マンドラーは人がカテゴリに分類された情報を記憶して、それをあとで完全に思い出せるのは、ひとつのカテゴリに入っている項目が1個から3個のときであることを示しました [Mandler 1969]。各カテゴリに含まれる項目が3個を超えると、思い出せる項目の個数は着実に減少していきます。ひとつのカテゴリに4個から6個の項目が含まれる場合、80%の項目しか覚えられません。項目を増やすと、この数字はどんどん低下していって、カテゴリ当たり80項目では20%まで低下します（**図20-1**）。

　ドナルド・ブロードベントは異なるカテゴリの項目を被験者に覚えさせました [Broadbent 1975]。たとえば、白雪姫の七人の小人、虹の七色、ヨーロッパの国名、放送中のテレビ番組といった具合です。被験者は2個から4個の項目をまとめて思い出しました。

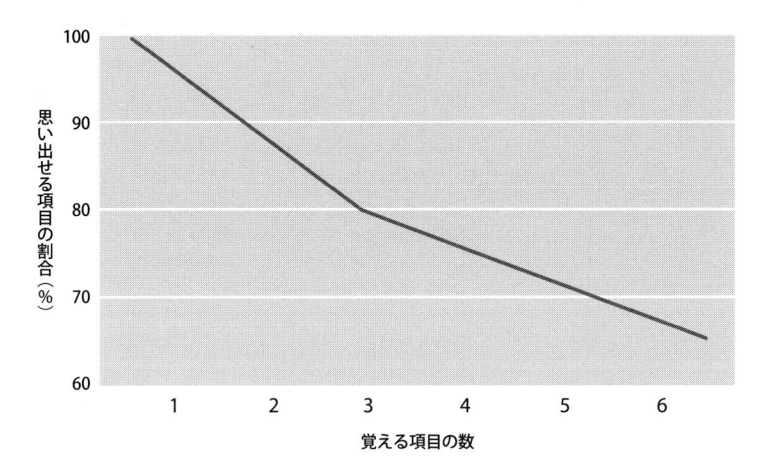

図20-1　思い出すべき項目の個数が多ければ多いほど正しく思い出せる割合が下がる

⭐ サルでもできる

川合伸幸と松沢哲郎によれば、チンパンジーを訓練して、人間が受けるのと同じような記憶力テストを受けられるようにしたところ、そのチンパンジー（名前はアイです）は4個の数字を覚える課題では95%の正確さで課題をこなすことができたとのことです。ところが数字が5個になると、正確さは65%に落ちました [Kawai 2000]。

ポイント

- 相手に提示する情報を4項目に限定できるなら、それはそれですばらしいことなのですが、そこまで徹底する必要はありません。情報をいくつかのチャンクに分けられるのであれば、情報はもっと多くてもかまわないのです。
- ひとつのチャンクに入れる項目は4つまでにします。
- 人は記憶に頼らなくても済むようにするため、メモ、リスト、カレンダー、手帳など、脳以外の「外付けの手段」に頼ることが多いという点にも注意しましょう。

021
情報を覚えておくには使うことが必要

　記憶したことを短期記憶から長期記憶に移動させるにはどうすればよいのでしょうか。基本的な方法はふたつ、何度も繰り返すか、すでに知っていることに結びつけるかです。

反復による脳の変化

　脳の中には情報を保持するニューロン（神経細胞）が100億個もあります。電気信号はニューロンの中を流れていき、神経伝達物質によって隣のニューロンとのあいだのシナプス間隙を伝わります。ニューロンは単語、文章、歌、電話番号など、覚えようとするものを繰り返すたびに「発火」します。記憶はニューロンの結合パターンとして保持されます。ふたつのニューロンが活動すると、そのあいだの結合が強化されます。

　情報との接触を何度も繰り返すと、活動したニューロンには発火の痕跡が形成されます。痕跡が形成されると、最初の刺激だけで残りの項目が想起され、思い出すことが可能になります。しっかりと記憶に残すために、情報を繰り返し聞かなければならないのはそのためです。繰り返すことにより脳の物理構造が変化するのです。そして、新たな経験により作られる新たな回路は短時間で生成され、これにともない何かに対する考えや、思い出す情報が永久に変わってしまうのです。

スキーマの力

　「頭」とはどんなものかと質問されたら、私たちは脳、頭髪、目、鼻、耳、皮膚など、頭を構成するさまざまな部位について説明するのではないでしょうか。頭はさまざまな部位から構成されていますが、そうしたすべての情報をひっくるめて統合し、「頭」と呼んでいるわけです。「目」についても同様です。目は、まつ毛、まぶた、眼球、角膜、水晶体といった部位から構成されています。「頭」もスキーマ（関係を表現する枠組あるいは図式）ですし、「目」もスキーマです。人間は、スキーマを用いて情報を長期記憶に保存したり、そこから取り出したりします（**図21-1**）。

　新しい情報がすでに記憶されている情報と結びつけられれば、しっかりと記憶すること、つまり長期記憶に入れることが容易になり、取り出しも容易になります。スキーマは、長期記憶の内部でこの結びつきを構築する助けになります。たったひとつのスキーマでも、多くの情報を整理し結合するのに役立つ場合があります。

図21-1　頭は、目、耳、鼻、口、髪の毛などから構成されている。こうした構成要素をひとつの「スキーマ」にまとめることで覚えやすくなる

エキスパートは情報をスキーマに保存する

　何かに熟達すると、対象に関するスキーマはよりいっそう有機的で強力なものになります。たとえば、チェスを習いはじめたばかりの人は、小さなスキーマをたくさん学習する必要があります。最初のスキーマは盤面の駒の並べ方、2番目は女王(クイーン)の動き方、といった具合です。しかしチェスのエキスパートになると、大量の情報をひとつのスキーマにまとめることができます。エキスパートはゲーム中盤の盤面を見ただけで、序盤の展開、各々のプレイヤーの戦略、次の一手などについて解説できるのです。もちろん駒の並べ方や各駒の動きについても語ることができます。初学者には多数のスキーマが必要な事柄でも、エキスパートのプレイヤーはひとつのスキーマに保存できるのです。そのため、記憶の取り出しが高速かつ容易になり、エキスパートはチェスに関する新しい情報を長期記憶に保存しやすくなります。エキスパートは大量の情報をひとまとめにして記憶できるのです (図21-2)。

図21-2　熟練したチェスプレイヤーは、チェスボード上のすべてをひとつのスキーマとして記憶している

ポイント

- ユーザーに何かを覚えてほしければ、何度も繰り返す必要があります。「習うより慣れろ」は本当で、慣れれば実際に習得できるのです。
- ユーザーや顧客に対してリサーチを行う大きな目的のひとつは、「対象としている集団のもっているスキーマを見つけ出し理解すること」です。
- 提供する情報に関連するスキーマをユーザーがすでに持っていることが明らかなら、そのスキーマを忘れずに明示しましょう。既存のスキーマに情報を結びつけることができれば、その情報を学び、記憶することが容易になります。

022
情報は思い出すより認識するほうが簡単

　この章の冒頭で出題した記憶力テストを覚えていますか。そのページに戻らずに、リストにあった単語をできるだけ多く書き出してみてください。この記憶力テストを使って認識と想起について説明します。

想起より認識のほうが簡単
　いま行った記憶力テストでは、単語のリストを記憶し、あとでその単語を書き出しました。これは想起課題と呼ばれるテスト法です。やり方を変えて、あとで別の単語のリストを見せたり、あるいは実際のオフィスに皆さんを連れていって、どの事物がリストにあったかを尋ねれば、これは認識課題と呼ばれるテスト法になります。認識は想起より簡単です。認識にはコンテキスト（文脈、周囲の状況）が利用されます。そのコンテキストが記憶を助けるのです。

包含エラー
　覚えた単語はすべてオフィスに関連するものです。皆さんが書き出した単語を見て、この章の冒頭にあるリストと比べてください。きっと、元のリストにないのに、「オフィス」というスキーマに合致する単語をいくつか書いてしまったのではないでしょうか。たとえば、「机」「鉛筆」「上司」などです。意識しているか否かにかかわらず、リストにはオフィスに関連したものが載っていることに気づいていたのです。そのスキーマがリストに載っていたものを覚えるのを助けてくれたわけですが、間違ったものを含めてしまう「包含エラー」も引き起こしてしまったと考えられます。

➡ 幼児には包含エラーが少ない
5歳未満の幼児に単語や絵を見せて、覚えたものを尋ねると、幼児ではスキーマを活用する能力がまだあまり発達していないので、包含エラーが大人より少なくなります。

ポイント
- 記憶への負荷は可能なかぎり減らしましょう。ユーザーインタフェース（UI）のデザインに関するガイドラインや、インタフェース用に提供されているさまざまな機能は、人間の記憶力にまつわる負荷を軽くするよう何年もかけて改良されてきたものが多いのです。
- 利用者が何かを想起しなければならないようなインタフェースはできるだけ避けましょう。想起よりも認識のほうがはるかに簡単です。

023
記憶は知的資源を大量に消費する

　無意識下の知的処理に関する最近の研究で明らかにされたことですが、人は毎秒400億個の感覚入力を受け取っており、どの瞬間をとっても40個を意識しています。だからといって、私たちが一度に4つ以上のものを同時に扱い、記憶することができるということではありません。感覚入力を受け取ったとき（たとえば音が聞こえたり、風を肌に感じたり、小さな砂粒が目に入ったりしたとき）、何かの存在を感じ取ります。この場合、それをいつも記憶あるいは処理しなければならないというわけではありません。40個のものを意識していることと、40ビットの情報を意識により処理することは同じではありません。情報について思考し、記憶し、処理し、説明し、記号化するには、知的資源を大量に消費するのです。

記憶は混乱しやすい

　展示会で発表を聞いていたとしましょう。発表が終わってから、会場のロビーで友だちに会い、「何の話だったの」と尋ねられました。このようなとき、発表の最後のほうで見たことや聞いたことは思い出せるのが普通です。これを「新近性効果」と呼びます。

　発表の途中で携帯電話にメールの着信があり、誰かにメールの返信をするために1分間ほど聞いていなかったとします。この場合は発表の最初のほうを覚えていて、最後のほうは覚えていないのが普通です。これを「接尾効果」と呼びます。

★ 記憶に関する興味深い事実

- 具体的なものを表す単語（テーブル、椅子）のほうが、抽象的なものを表す単語（正義、民主主義）より長期記憶として覚えやすいものです。
- 悲しいときには悲しいことが記憶に残りやすくなります。
- 3歳以前のことはあまり思い出せません。
- 言葉よりも実際に見たもの（視覚的記憶）のほうが容易に思い出せます。

➡ 眠って夢を見ることで記憶される

すばらしい研究成果の中には偶然の幸運で得られたものがあります。1991年のこと、神経生理学者のマシュー・ウィルソンは、ネズミが迷路内を走っている際の脳の活動を研究していました。ある日、たまたまネズミを脳波の記録装置につないだまま放置しました。そのうちネズミは眠ってしまいました。驚いたことに、ネズミの脳の活動状態は睡眠中でも迷路を走っているときでもほぼ同じだったのです。

ダーユン・ジーとマシュー・ウィルソンはこの現象をさらに研究するために一連の実験を行いました [Ji 2007]。その結果、ネズミだけでなく、人間についても「眠って夢を見ているあいだ、起きているときに経験したことを再加工し、整理・統合している」という説に到達しました。何を覚え、何を忘れるか、脳は眠っているあいだに決めているわけです。

➡ なぜ韻文が覚えやすいのか

音韻符号化（単語を音で表すこと）も情報の保持に有効です。文字のなかった時代、物語はリズムをもち韻を踏んだ詩（韻文）として記憶され、語り継がれました。韻文を1行思い出すと、次の行が自然に浮かんできます。たとえば英語には30日の月を記憶する「Thirty days hath September, April, June, and November.」(30日あるのは9月、4月、6月そして11月) という韻文[†]がありますが、これも音韻符号化の例です。

[†] 日本語なら「二四六九士」(にしむくさむらい) や「沙の波は十王」(いさごのなみはじゅうおう) ですね。

ポイント

- 具体的な言葉や絵（アイコン）を使いましょう。そのほうが記憶しやすくなります。
- 情報を覚えてほしければ、相手を休ませましょう（できれば眠らせましょう）。
- 人が情報を覚えようとしたり符号化しようとしていたら、邪魔しないようにしましょう。
- 発表の中間部で示された情報は、記憶されている可能性がもっとも低くなります。

024
記憶は思い出すたびに再構築される

　まず、少なくとも起こってから5年以上経過している出来事を振り返ってみてください。結婚式、家族の集まり、友だちとの食事、休暇、何でもかまいません。誰がいたか、どこにいたかを思い出してください。すると、その日の天気や、着ていた服まで思い出すかもしれません。

記憶の変容
　過去の出来事について考えるとき、頭の中で出来事が短い映画のように流れていくのではないでしょうか。そんな風に記憶が再現されるので、記憶というものが撮影された映画のように全部一体として保存され、変化することがないように思われがちです。しかし、実際はそうではありません。

　記憶は、実際は思い出すたびに再構築されています。コンピュータのファイルならばハードディスクの決まった場所に保存されていますが、記憶は脳に保存された映画ではありません。出来事の記憶とは、その出来事を思い出すたびに改めて活性化される神経回路なのです。そのため、いくつか興味深いことが起こります。たとえば、記憶は想起されるたびに変化する可能性があります。

　後になって起こった出来事が、前にあった出来事の記憶を変えてしまうことがあります。最初の出来事の際に、皆さんは従兄と仲がよかったとします。しかし、その後ふたりのあいだで口論があり、何年も不和が続いたとしましょう。しばらく経って最初の出来事を思い出したとき、意識しないうちに記憶が変化していることがあります。思い出される従兄は（実際はそうではなかったのに）高飛車で冷淡です。後から経験したことが記憶を変えたのです。

　また、記憶の空白を想像上の出来事で埋めてしまうということも起こるのですが、その想像上の記憶も本来の出来事の記憶と区別がつかないほど真実味を帯びています。親戚で集まって夕食をとったとき、その場にいた人全員を思い出すことはできないでしょうが、ジョリーンおばさんならそんな集まりにはたいていいたとなれば、時間が経つにつれ、本当はいなかったジョリーンおばさんが夕食の記憶の中に含まれるようになったりするのです。

証人の証言が当てにならない理由
　エリザベス・ロフタスとJ・パーマーは記憶の再構築に関する研究として、被験者に

交通事故のビデオを見せた後に事故に関する一連の質問をし、質問中の重要な単語を入れ替えてみました [Loftus 1974]。たとえば、「車が相手の車にぶつかったとき、どのくらいの速度だったと推測しますか」と「車が相手の車に激突したとき、どのくらいの速度だったと推測しますか」のどちらかの質問をします。それから被験者に「ガラスが割れたのを見たことを覚えていますか」と尋ねます。

「ぶつかった (hit)」と「激突した (smash)」という異なる単語が使われていることに注目してください。「激突した」という単語を使った場合のほうが「ぶつかった」という単語を使った場合より、推測した速度が速くなりました。また、割れたガラスを見たのを覚えていると答えた被験者は、「激突した」のほうが「ぶつかった」の2倍になりました。その後の研究で、ロフタスらは実際には起こっていないことの記憶を注入することにさえ成功しています。

▶ 証人には閉眼させる

見たことを思い出す際に証人が目を閉じると、記憶がより鮮明でより正確になります [Perfect 2008]。

▶ 記憶は本当に消去できる

『エターナル・サンシャイン』という映画をご存知ですか。特定の記憶を消去するビジネスを扱った映画です。これは映画ですが、実際に記憶の消去が可能だということが明らかになっています。ジョンズ・ホプキンス大学の研究者が実際に記憶を消去できることを示しています [Clem 2010]。

ポイント

- ある製品について顧客をテストしたりインタビューしたりする場合、皆さんが使う言葉によって相手が記憶することが大きく影響される可能性があります。
- 過去の行動についての自己申告を信用してはなりません。自分や他人がしたことや言ったことについて、正確には記憶していないものです。
- たとえば、製品を使ったときのことや、顧客サービスに電話をしたときのことなど、誰かが思い出しながら言ったことは、少し割り引いて聞きましょう。

025
忘れるのはよいこと

　物忘れはとかく問題視されがちです。「鍵をどこへ置いたっけ」などといった程度ならば罪はないのですが、悪くすれば不正確な証言で無実の人間を刑務所に送ってしまいかねません。進化の法則からこんなに外れたものが、なぜ人類に生じたのでしょうか。どうして人間にはこんな欠陥があるのでしょうか。

　実は、欠陥ではないのです。毎分、毎日、毎年、そして一生を通じて人間が受ける感覚入力や経験の量を考えてもみてください。何もかもをいちいち覚えていたのでは、まともに機能することもできません。人はものを忘れなければならないのです。脳は常に何を覚え、何を忘れるかを決定しています。必ずしも皆さんにとって役立つと思える決定をしてくれるとはかぎりませんが、（主に無意識に行われる）脳の決定のおかげで人は死なずに済んでいるとも言えるのです。

どれだけ忘れるかを表す式

　1886年に、ドイツの心理学者エビングハウスは記憶の劣化を表す式を作り出しました [Ebbinghaus 1886]。

$$R = e^{(-t/S)}$$

ここで R は記憶量、S は記憶の相対的強度、t は時間です。

この式をグラフで表すと**図25-1**のようになります。このグラフは忘却曲線と呼ばれ、

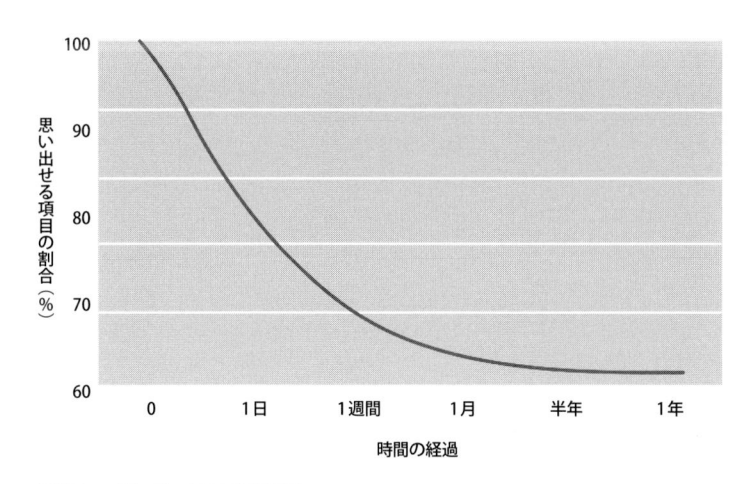

図25-1　エビングハウスの忘却曲線

長期記憶に記憶されていない情報がいかに早く忘れられてしまうかを示しています。

ポイント
- 忘れるのが人の常です。
- 何を忘れるかは無意識に決定されます。
- ユーザーが忘れることを前提にデザインしましょう。本当に重要な情報ならば、ユーザーが覚えていることを当てにしてはなりません。デザインの中に含める形で提供するか、すぐ見つけられる方法を準備しておくことです。

026
鮮明な記憶でも
間違っていることがある

　2001年9月11日にニューヨーク市を襲ったテロについて、「最初にこの事件のことを聞いたとき、どこにいて何をしていたか思い出してほしい」と言われて、その日の出来事をとても詳しく話せる人は多いのではないでしょうか。その日に10歳以上だった人は、どのようにしてテロの情報を聞いたか、誰といたか、その日にそれからどうしたかなど、細かいことまで記憶している可能性が大きいでしょう。しかし研究によれば、その記憶の多く、あえて言えば「大部分」が間違っているかもしれないのです。

鮮明なフラッシュバルブ記憶

　心に傷を負わせるような出来事やドラマチックな出来事を詳細に記憶していることを、カメラのフラッシュにたとえて「フラッシュバルブ記憶」あるいは「閃光記憶」と呼びます。感情は脳の扁桃体という部分で処理されますが、扁桃体は海馬に近く、海馬は情報の長期的な記憶に関与しています。ですから、強い感情を伴った記憶が非常に鮮明に記憶されていることは心理学者にとっては驚くには当たらない事柄なのです。

鮮明でも誤りに満ちた記憶

　フラッシュバルブ記憶は鮮明なのですが、間違いもまた多いのです。1986年にスペースシャトル「チャレンジャー」の爆発事故がありました。射ち上げ直後に爆発してしまった様子を鮮明に思い出せる人も多いでしょう。この悲しい出来事の翌日、このような記憶の研究をしているウルリック・ナイサー教授は、何が起こったのか覚えていることを学生に書かせました。そして3年後、再び事故について記憶していることを書かせたのです [Neisser 1992]。3年後に書かれたものの90%は、最初に書かれたものと違っていました。そのうちの半数で、細部の2/3が不正確になっていました。ある被験者は、3年前に書いたレポートを見せられて、「これは私の筆跡ですが、こんなことを書いたはずはありません」と言ったのです。9.11のテロの記憶についても同様の研究が行われ、同様の結果が出ています。

　エビングハウスの忘却曲線では、記憶が時間の経過と共に高速で失われていくことが示されています。フラッシュバルブ記憶は非常に鮮明なので、他の記憶と違って忘却の対象にはならないのではと考えられたこともあります。しかしやはり忘れ去られることがわかりました。実感しにくいかもしれません。記憶があまりに鮮明なので事実だと思えてしまうのですが、それは間違いです。

ポイント

- 誰かがドラマチックな経験や、心的外傷を負うような体験をしていた場合、ふたつのことを理解しておく必要があります。まず、その人は記憶している内容が本当だと確信していること、そして、その記憶が「正確な真実」とは言い切れないことです。

4章　人はどう考えるのか

脳には膨大な数の神経細胞があり、人間はこれを使って実に多様な処理を行っています。さて、脳の中では一体何が起こっているのでしょうか。
人がどう考えるのかを理解することは、利用しやすいシステム（ウェブサイトやアプリケーション、各種の機器など）を設計しようとする際には非常に重要です。目に錯覚があるように、思考にも錯覚があります。この章では、外界の状況を把握するために脳が行う興味深い処理について見ていきます。

027
情報は少ないほど
きちんと処理される

　脳が一度に処理できる情報──無意識にではなく意識的に処理できる情報──はわずかしかありません。人が1秒あたりに処理できる情報の数は400億と推測されていますが、この中で脳によって意識的に処理される段階にたどり着くのは40だけです。デザイナーが犯しがちな失敗は、一度に大量の情報を与えてしまうことです。

段階的開示

　段階的開示とは、人がそのとき、その時点で必要としている情報だけを提供することです。

　図27-1は、MailChimpというウェブサイトの段階的開示の例を示しています。最初のページにはサービスに関する詳しい説明は見当たりません。4つの機能がリストされ、各機能を表現する画像が表示されているだけです（図27-1）。機能を選んでクリックすると、詳しい説明が表示されます（図27-2）。もっと詳しく知りたい場合は、さらに先のページへ進むことができます（図27-3）。一度に少しずつ情報を提供することで、情報

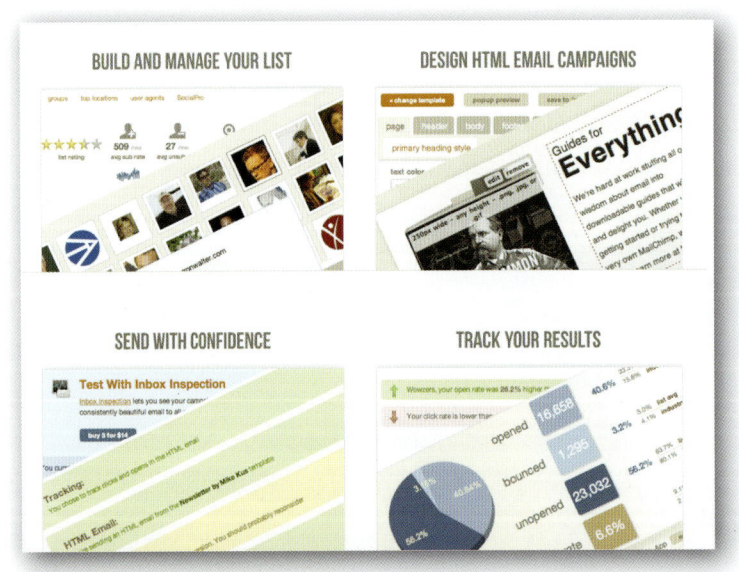

図27-1　段階的開示の最初のステップ（www.mailchimp.comより）。最初のステップで開示される機能は、「BUILD AND MANAGE YOUR LIST」（顧客リスト作成・管理）、「DESIGN HTML EMAIL CAMPAIGNS」（HTMLメールによるキャンペーン）、「SEND WITH CONFIDENCE」（確実に送信）、「TRACK YOUR RESULTS」（結果の追跡）の4つのみ（MailChimp® is a registered trademark of The Rocket Science Group）

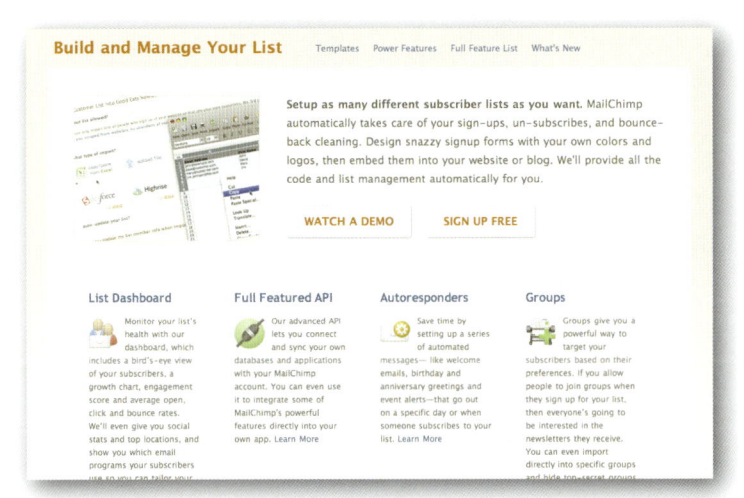

図27-2 次のステップでは、より詳しい情報を提供する。「Build and Manage Your List」（顧客リスト作成・管理）のページでは、「List Dashboard」（ダッシュボード）、「Full Featured API」（機能豊富なAPI）、「Autoresponders」（自動返信）、「Groups」（グループ）の4つが表示される

図27-3 最後のステップはさらに詳しい情報を求めている人向け。「Full Featured API」（機能豊富なAPI）のページでは、APIについての詳しい解説を読むことができる

量の多さでユーザーが圧倒されてしまう事態を避けると同時に、さまざまなニーズに対応することができます。ユーザーの中には、おおまかな説明でよい人もいれば、詳細を知りたがっている人もいるのです。

重要なのはクリックの回数ではない

段階的開示を行うと、利用者は何度もクリックする必要が生じます。ウェブサイトの設計に関連して、「詳細情報にたどり着くまでにクリックする回数はできるだけ少なくしなければならない」という話を聞いたことがあるかもしれません。しかしクリックの回数は重要ではありません。むしろ、ユーザーは喜んでクリックをします。クリックのたびに適度な情報を得ながら先へ進めるのであれば、クリックしていることを意識しないでしょう。何回クリックするかを数えるよりも、段階的開示を行うことを検討してみてください。

誰がいつ何を必要としているかを理解する

段階的開示は優れた手法ですが、あくまでもユーザーが求めているものが何であるかを理解していることが前提となります。こうした調査を十分に行っていないと、ほとんどの人が目的の情報になかなかたどり着けなくて苛立ちを感じるサイトになってしまうでしょう。各段階で何を知りたがっているかを的確に把握していなければ、この手法を使ってもうまくいきません。

★ 参考文献

ユーザーに考えさせないインタフェースをデザインする方法について書かれたスティーブ・クルーグの本『ウェブユーザビリティの法則──ユーザーに考えさせないためのデザイン・ナビゲーション・テスト手法』[Krug 2005]は非常に参考になります。

➡️ 段階的開示の発案者

段階的開示という用語を最初に使ったのはJ. M. ケラーです［Keller 1987］。ケラーは学習意欲とデザインの関係について研究し、1980年代前半に注意（attention）、関連性（relevance）、自信（confidence）、満足感（satisfaction）の頭文字からARCSと呼ばれる動機付けモデルを考案しました。段階的開示はARCSモデルの一環で、学習者がそのときに必要としている情報のみを提供するというものです。

ポイント

- 段階的開示を行いましょう。ユーザーが必要としているときに、必要な情報を示します。詳細情報へのリンクを用意しましょう。
- クリックを増やすか、ユーザーに考えさせるかで迷ったら、クリックを増やすほうを優先しましょう。
- 段階的開示を使う前に、大半のユーザーが何をいつ必要としているかを調査し、しっかりと把握しておきましょう。

028
心的な処理には難しいものと やさしいものがある

　オンラインバンキングで送金をする場面を考えてみましょう。何の代金をいつまでに送金しなければならないかを考え、残高を確認し、ボタンをクリックして、振込処理を行います。この作業を行うとき、どのような種類の処理が行われているでしょうか。まず、考えたり思い出したりするのは認知的な処理です。また、画面上のものを見て処理を行いますので、視覚的な処理も行っています。さらには、画面上のボタンをクリックするためにマウスを動かしてマウスボタンを押すという筋肉を使った運動による処理も行っています。

　こうした処理（行為）はヒューマンファクター（人的要因）の研究者の間では「負荷（ロード）」と呼ばれています。人に対する負荷としては、基本的に、認知（記憶も含む）、視覚、運動の3種類があるとされています。

負荷には差がある

　それぞれの負荷に対して消耗される心的資源（リソース）の量は一定ではありません。画面上のものを見るとき（視覚）のほうが、ボタンを押したりマウスを動かしたりするとき（運動）よりも、資源を多く消耗します。また、考えたり、思い出したり、何かしらの心的な処理を行っているとき（認知）のほうが、視覚よりも多く資源を消耗します。つまりヒューマンファクターの観点から、心的資源の消耗が多い順に並べると次のようになります——「認知」＞「視覚」＞「運動」。

トレードオフの検討

　製品、アプリケーション、ウェブサイトなどを設計するときは、ヒューマンファクターの観点から、常にトレードオフを考えなければなりません。クリックを何回か増やさなければならないとしても、ユーザーを悩ませる必要がなくなるのであれば、そうする価値があると言えます。クリック数が多いということは、考える負荷がより少ないということだからです。筆者はこのテーマについて、以前にちょっとした調査を行ったことがあります。ある作業を終わらせるのに、10回以上クリックする必要があったのですが、最後には誰もがこちらを見て笑顔で「簡単だね！」と言うのです。これは各ステップが論理的で、予想どおりに進められたからでしょう。何も考える必要がなかったということです。クリックは考えるよりも負荷が少ないのです。

フィッツの法則で運動負荷を計算

　運動は3種類の負荷の中ではもっとも心的資源の消耗が少ないものではありますが、負荷は少なくするにこしたことはありません。運動負荷を減らすには、ユーザーがクリックする対象を十分大きくし、提示する選択肢をほかのものから離れすぎないようにするのが有効です。対象が小さすぎたり、離れすぎたりしていると余計な運動が必要になってしまいます。

　実は、人が画面上でマウスを動かしながら確実にたどり着ける対象は、どの程度の大きさでなければならないかを計算する式があります。これはフィッツの法則と呼ばれています。次がその式です。

$$T = a + b \log_2 \left(1 + \frac{D}{W}\right)$$

- Tは動作を終えるまでに要する平均時間です。移動時間（Movement Time：MT）とも呼ばれます。
- aは装置の移動の開始/停止にかかる時間を示し、bは装置の速度を表します。このふたつは、ユーザーの熟練度によって変わる定数で、実際の値は実験結果から求めます。
- Dは開始点から対象の中心までの距離です。
- Wは動作の方向に沿った対象の幅です。

　ここでフィッツの法則を紹介したのは、実際に計算してほしいからではなく、ボタンの適切な大きさを決めるための科学的な基準が存在することを認識してほしいからです。

　覚えておくべき点は、速さ、正確さ、距離の間には関係があるということです。たとえば、画面の右下に小さなボタンがあって、ユーザーがマウスを左上から右下まで動かして、小さなボタンをクリックしなければならないとします。フィッツの法則からわかることは、ユーザーの動作が速すぎればボタンを通り越して戻らなければならない、つまり正しく操作できない可能性が高くなるということです。

動作の切り替えは最小限に

運動の負荷のうちには、マウス（あるいはトラックパッド）とキーボードの切り替えも含まれます。この切り替え操作を頻繁に行わなければならない場合、作業の効率が落ちてしまいます。これは特に、キーボードを見ないでデータ入力を行えるユーザーにとって大きな負荷になります。データ入力の途中でマウスを使う操作が入ると、そこで視線をデータからマウスや画面に移さなければなりません。できるだけ同じ種類の操作が続くよう、切り替えが最小限になるようにしましょう。

ときには負荷を増やしたい場合がある

設計時に負荷について考えるとき、普通は負荷（特に認知負荷および視覚負荷）を少しでも減らしてより使いやすい製品にすることを目指します。ただし場合によっては故意に負荷を増やすこともあります。たとえばユーザーの注意を引くために視覚的な情報（画像、アニメーション、動画）を加えると視覚負荷は増加することになります。

意図的に負荷を増やす例としてはゲームがあげられます。ゲームは遊んでみたいと思わせるためにあえて複数の負荷が増やされているインタフェースなのです。何が起こっているのかを理解しなければならないゲームでは認知負荷が大きくなります。画面上で何かを探さなければならないゲームでは視覚負荷が大きくなります。シューティングゲームなどキーボードや専用の装置を使ってカーソルを動かしたりするゲームでは運動負荷が大きくなります。視覚負荷と運動負荷の両方があるものなど、ゲームには複数の負荷を増やしているものが数多くあります。

ポイント

- もっと使いやすくするために負荷を減らしたほうがよいかどうか、既存の製品の負荷を評価しましょう。
- 製品を設計する際、ユーザーが考えたり思い出したりしなければならない場合の負荷（認知負荷）は心的資源をもっとも多く要求することを覚えておきましょう。
- ある手法を用いると視覚負荷や運動負荷は増えるが認知負荷を減らせるという場合、そのような手法の採用を検討しましょう。
- 操作対象が十分に大きいこと、またそれに簡単にたどり着けることを確認しましょう。

029
人は30%の時間はぼんやりしている

　同僚が作成したレポートに目を通していて、ふと気がつくと同じ文を何度も読んでいた、といったことはありませんか？　目の前のレポートのことを考えずにぼんやりとしてしまっているのです。「注意散漫」の状態です。

　「白昼夢」も似てはいますが別のものです。心理学的な意味の「白昼夢」は、とりとめのない考えや空想、自分で考え出した話（たとえば、宝くじにあたる話や有名人になる話）のことを指しています。「注意散漫」はもっと具体的です。ある作業を行っているのに、いつの間にか作業とは関係のないことを考えている状態を指します。

注意散漫はよくある現象

　私たちは注意散漫を過小評価しているようです。というのは、カリフォルニア大学サンタバーバラ校のジョナサン・スクーラーによれば、人は自分がぼんやりしている時間はせいぜい全体の10%と考えているそうですが、実際はそれどころではないということです。日々の活動の中で、注意散漫になっている時間は最大で30%にもなり、すいている高速道路での運転中など、ときには70%にもなることがあります。

▶ 注意散漫は神経科学者の悩みの種

注意散漫は、脳をスキャンする実験をしているときの障害になったことから神経科学者が興味をもつようになったテーマです [Mason 2007]。脳の活動をスキャンして調べるときには、被験者に特定の作業（絵を見ることや、文学作品を読むことなど）を行ってもらいます。ところが結果を見ると、全体の約30%は焦点となっている作業とは関係ないと思われる無意味なデータ、という具合なのです。「こんな風に悩まされるくらいならいっそのこと研究対象にしてしまおう」と注意散漫に関する研究が始まりました。

注意散漫は長所ともなり得る

　注意散漫のおかげで、脳のある部分を使って目の前の作業に集中しつつ、別の部分を使って別の目標（場合によっては、より高次元の目標）を保ち続けることができます。たとえば車を運転しているとき、前方に注意を払いながら「ガソリンをいつ補給しようか」と考えることもできます。また、医師から勧められているコレステロール値を低下させる薬についての記事を読みながら、心のどこかで「美容院に行く予定をカレンダーに書き込まなければ」と考えています。注意散漫は、私たちがもっている能力の中でマルチ

タスク（複数の作業の同時処理）にもっとも近いものかもしれません。正確にはマルチタスクではありませんが（#046で説明するように、厳密な意味でのマルチタスクは存在しません）、注意散漫のおかげで、ある考えから別の考えに意識を切り替えたり、元の考えに素早く戻ったりすることもできます。

注意散漫は短所となり得る

　注意散漫になっているとき、普通はそれを「意識」していません。注意散漫よりもさらに「脱線」すると、重要な情報を「逃がす」ことになってしまうかもしれません。たとえば、同僚が作成した報告書を読まなければならないのに夜の献立を考えていれば、それは非生産的であるにすぎません。脱線していることには気づいていないのが普通です。

★ 注意散漫になる人ほど創造的？

カリフォルニア大学サンタバーバラ校の研究者は、たびたび注意散漫になる人ほど想像力が豊かで、問題解決能力に長けていることを裏づける証拠を発見しました。このような人の脳は目の前の作業に集中すると同時に、別の情報を処理して関連づけているのです [Christoff 2009]。

ポイント

- 人は限られた時間しか作業に集中できません。意識がたびたび散漫になるのは当然のことと考えましょう。
- できればハイパーリンクを使って、トピックからトピックへ素早く切り替えられるような仕組みを用意しましょう。人がネットサーフィンを好むのは、このようなある意味で散漫な行動ができるからです。
- ユーザーが注意散漫になったときでも、「現在位置」がすぐにわかる仕組みを用意しましょう。そうすれば元の場所に戻ることも次に進むことも、はるかに簡単になります。

030
自信がない人ほど
自分の考えを主張する

　筆者は途中でアップル派に転向しました。以前からアップルファンだったわけではありません。むしろウィンドウズ派でした。パソコンが登場した頃までさかのぼって、当時の様子を思い出してみましょう。筆者が使っていた素晴らしい「ポータブル」パソコンのOSはCP/Mで、360キロバイト（そう、キロバイトです）のフロッピーディスクドライブが2台ついていました（ハードディスクはなかったのです）。アップルのコンピュータはどちらかというと教育機関向けで、しばらくするとアーティストを気取った人々の間で使われるようになりました。筆者はそのどちらにも属していませんでした。

　ここで話を一気に現代まで進めます。今、筆者が何をしているかといえば、iPhoneで電話をかけつつ、午後の運動に備えてiPodを充電すると同時に、今晩Apple TVを使って見るかもしれない映画をMacBook ProからiPadに転送しています。つまり筆者のまわりにあるのはアップル製品ばかりです。一体全体何が起こったのでしょうか？　忠実なウィンドウズ派からアップル派に心変わりしたいきさつは拙著 *Neuro Web Design: What Makes Them Click?"* で紹介しています。ちょっとした変化や興味がきっかけとなって徐々にはまっていったのです。

　一緒に食事に行って同僚に新しいAndroid携帯を自慢され、筆者がどのような反応を示したかは容易に想像できるでしょう。同僚はその携帯を心底気に入っていて、筆者のiPhoneと同じぐらい、いやそれ以上に素晴らしいものだと教えたくてたまらなかったようですが、そんな話にはこれっぽちも興味がありませんでしたし、見たいとすら思いませんでした。基本的に、「iPhone以外はあり得ない」という自分の考えに反する情報は脳に入れたくなかったのです。筆者が見せた反応は、「認知的不協和」による否認の典型的な兆候です。

信念を曲げるか、情報を否定するか

　1956年にレオン・フェスティンガーが『予言がはずれるとき ── この世の破滅を予知した現代のある集団を解明する』[Festinger 1956]という「認知的不協和」に関する本を書きました。認知的不協和とは、矛盾するふたつの考えがあるときに生じる違和感のことです。この状態は快適とはいえないため、不協和を排除しようとします。排除するには大きく分けて2通りの方法があります。自分の信念を曲げる方法といずれかの考えを否定する方法です。

強制されれば人は信念を変える

認知的不協和に関する最初の研究で、被験者は自分が信じていない考えを主張するように強制されました。すると、最後には自分の信念を変えて、新しい考えを受け入れるようになったのです。

ビンセント・バンビーンらによる最近の研究 [Van Veen 2009] では、被験者にfMRIを使った検査が楽しかった（実際は違いますが）という「主張」をさせました。体験が楽しかったと主張するように「強制」されると、脳のある領域（背側前帯状皮質と前頭前皮質）が反応しました。これらの領域が活性化すればするほど、参加者はfMRIを本当に楽しかったと思うといっそう強く主張するようになったのです。

強制されなければ人は主張を貫く

場合によっては、違う反応を示すこともあります。自分では信じていないことを信じていると主張するよう強制されない場合はどうでしょうか。自分の考えに反する情報を突きつけられても、新しい考えを支持するよう強制されないとしたら？ こうした状況では、新しい情報に合わせて自分の信念を変えることはせずに、情報を否定する傾向があります。

自信がない場合に人は強く主張する

デイビッド・ガルとデレク・ラッカーは、2010年に次のような実験 [Gal 2010] をしました。あるグループには自信にあふれていたときのことを思い出してもらい、別のグループには何かにまったく自信がなかったときのことを思い出してもらいます。その後、肉好きの人、ほぼ菜食の人、完全に菜食の人、その他のどのカテゴリに該当するか、それが自分にとってどれだけ重要であるか、自分の考えにどの程度自信があるかを尋ねます。自信がなかったときのことを思い出したグループの人は、自分の食の好みにさほど自信がありませんでした。ところが、自分の食習慣を他の人も採用するように説得する文章を書いてもらうと、選択に自信をもっていた人よりも熱心に書いたのです。デイビッド・ガルらは別のテーマ（たとえば、アップル派かウィンドウズ派か）でも調査を実施しましたが、同様の結果でした。確信がもてないときほど、人は守りの体制に入り、より強く主張するのです。

ポイント

- 人が信じ込んでいる考えを変えさせようとして、多くの時間を費やしても無駄でしょう。
- 人の信念を変えさせる上でいちばん効果的な方法は、ちょっとしたことをやってみるよう仕向けることです。
- 人の考えに対して、論理的でない、支持できない、よくない選択肢であるといったことを示す証拠を突きつけないこと。かえって逆効果で、相手の主張はますます強くなるでしょう。

031
人はシステムを使うとき メンタルモデルを作る

　仮に皆さんが今までにiPadを一度も見たことがないとしましょう。知人からiPadを渡され、「これで本が読めるよ」と言われます。そうするとiPadに電源を入れて使い始める前から、頭の中にはiPadで本を読むというのがどのようなものであるかを考えて、何らかの「モデル」を構築しています。本は画面にどう表示されるのか、どのような操作ができるのか、そしてページをめくったり栞を挟んだりといった操作はどうするのかを想像します。つまり、一度も経験したことがなくても、iPadで本を読むことの「メンタルモデル」をもつわけです。

　頭の中にあるメンタルモデルがどのようなものになるか、またそれがどういった作用をもつかは、さまざまな要因によって決まります。iPadで本を読む場合のメンタルモデルは、iPadを使用したことがある人と、一度も使ったことがない人やiPadが何かすら知らない人とでは違ったものになるでしょう。以前にアマゾンの電子ブックリーダー「キンドル」を使ったことがある人と電子書籍をまったく読んだことがない人とでも異なったメンタルモデルになるでしょう。いったんiPadを手にして何冊か読んでみれば、それまでに頭の中にあったメンタルモデルがどのようなものであれ、すぐに変化して新たな経験を反映するよう調整されるでしょう。

　筆者は1980年代からメンタルモデル（およびこの次に取り上げる概念モデル）に注目してきました。そして、最近はソフトウェア、ウェブサイト、医療機器など、さまざまなもののインタフェースの設計に携わっています。人間の脳内の動きと、最先端技術がもたらす制約や機会の折り合いをうまくつけるという難題には常にやりがいを感じながら取り組んでいます。インタフェース環境には流行があります（たとえば、初期の文字主体のコンピュータシステムでは緑色の画面が多く使われていました）。しかし、人の変化の速度はそれよりもはるかに遅いのです。昔からあるユーザーインタフェースの設計概念の中には、今でも極めて有用かつ重要なものがあります。メンタルモデルや概念モデルといった考え方は、時間に淘汰されず有用性が証明されている、非常に役立つ存在だと思います。

🡒 メンタルモデルの語源

メンタルモデルという言葉を初めて使ったのはケネス・クレイクです。クレイクは1943年に著書 "The Nature of Explanation" [Craik 1943] でこの言葉を使っていますが、その直後に自転車事故で亡くなってしまい、長い間、表舞台に立つことはありませんでした。1980年代になって "Mental Models" という同じタイトルの本が2冊[†]、フィリップ・ジョンソン・レアード [Johnson-Laird 1986] とディドレ・ゲントナー [Gentner 1983] によって出版されたことで、再び使われるようになりました。

ソフトウェアや使いやすさに関連してメンタルモデルの歴史を記述したものとしては、メリー・デビッドソンらによる "Mental Models and Usability"（http://www.lauradove.info/reports/mental%20models.htm）という文献がお勧めです [Davidson 1999]。

[†] 産業図書発行の『メンタルモデル ── 言語・推論・意識の認知科学』は、フィリップ・ジョンソン・レアードが書いた本の邦訳です。

メンタルモデルとは何か

少なくともこの25年の間にメンタルモデルの「定義」はいくつも提案されてきました。筆者のお気に入りはスーザン・ケアリーのもので、次のような定義です [Carey 1986]。

> メンタルモデルは、ある物事が機能している仕組みをその人がどう理解しているか（その物事が関与する世界をどう理解しているか）を表現したものである。メンタルモデルは、全体像が把握されてはいない事実や過去の経験、そして直感にも影響される。こうしたものがメンタルモデルを構築している者の行動、ふるまいに影響し、複雑な状況で何に注意を払うかの判断基準となり、問題に対するアプローチや解決の方法を決める。

なお、これとは別の定義をしている人もいます（たとえば、インディ・ヤングは著書 "Mental Models" の中でかなり異なる定義をしています [Young 2008]）。

デザインとメンタルモデル

デザインに関連して使われる場合、メンタルモデルという言葉は、実世界、機器、ソフトウェアなど、何らかの「もの」に対する内的な表現を意味します。メンタルモデルは瞬時に構築され、多くの場合ソフトウェアや機器を使う前に作られます。メンタルモデルは以前に類似のものを使った経験、自分の想定、伝聞、実際の利用体験に基づいて構

築されます。メンタルモデルは変化します。そして、ユーザーはシステム、ソフトウェア、製品がどう機能するのか、どう使うべきかを予測するのに、メンタルモデルを参考にします。

ポイント
- 人は常にメンタルモデルをもっています。
- 人は過去の経験に基づいてメンタルモデルを構築します。
- すべての人が同じメンタルモデルをもつわけではありません。
- ユーザーや顧客を調査することで、対象者のメンタルモデルをより深く理解できるようになります。これがこうした調査をする大きな理由のひとつです。

032
人は概念モデルとやり取りをする

　メンタルモデルの重要性を理解するためには、「概念モデル」についての理解も欠かせません。まず概念モデルとメンタルモデルを比べてみましょう。メンタルモデルは対象のシステム（ウェブサイト、アプリケーション、製品など）を利用者が（心の中で）どう捉えているかを表現したものです。これに対して概念モデルは、実際にシステムを利用するユーザーが、そのシステムのデザインやインタフェースに接することによって構築するモデル ── より実態に近い具体的なモデルです。

　たとえば（#031で例にあげた）iPadの例で考えてみましょう。ユーザーはiPadを使った読書がどのようなものになるか、iPadがどのように機能するか、iPadに何ができるのかというメンタルモデルをもっています。しかし、iPadを手にすれば、システム（iPad）を実際に見て電子ブックリーダーの概念モデルが実際にどのようなものであるかがわかります。画面があって、ボタンがあり、いくつかの機能をもっているでしょう。実際のインタフェースに接することによって概念モデルが形づくられるのです。逆の方向から見ると、デザイナーはインタフェースを設計し、そのインタフェースを通じて製品の概念モデルをユーザーに伝えるのです。

　なぜメンタルモデルと概念モデルの違いに配慮しなければならないのでしょうか。人の頭の中のメンタルモデルと製品の概念モデルが一致しなければ、システム（製品、ウェブサイトなど）は学習しにくく、使い勝手も悪いものとなり、人々に受け入れられないものとなってしまうのです。では、こうしたメンタルモデルと概念モデルの不一致はなぜ起こるのでしょうか。例をいくつか見てみましょう。

ユーザーがどのような知識をもっているか、また実現しようとしているインタフェースの利用経験をどの程度もっているかを、デザイナーがきちんと把握していない。
　実際にテストをせずに、推測だけを頼りに設計したりした場合にこうしたことが起こり得ます。想定するユーザーと実際のユーザーが異なってしまったため、システムができてから推測が正しくなかったことが判明することになります。

デザイナーが特定の人やグループだけを想定して設計した。
　デザイナーがある特定のグループに属する人だけを想定してシステムを設計したものの、実際にはほかにも利用者がいた場合です。想定した人についてはメンタルモデルと概念モデルが一致しても、それ以外の人では一致しません。

本来の意味のデザイナーがいない。

　実際には概念モデルがまったく作られていない場合です。単に、ベースとなるハードウェアやソフトウェアあるいはデータベースの姿を反映しただけでは、概念モデルに合うメンタルモデルをもつ（ことができる）のはシステムの開発者だけになってしまいます。開発者以外のユーザーは困惑してしまうでしょう。

あえて両者を一致しないようにする場合

　紙でできた普通の本しか読んだことがない人は、iPadでの読書がどのようなものなのか正確なメンタルモデルをもつことはできません。こうした人たちのメンタルモデルを、実際の製品の概念モデルに合うように変えてあげる必要があります。

　このように、対象ユーザーのメンタルモデルが概念モデルと一致しないことがわかっていても、あえてインタフェースのデザインを変えないこともあります。ユーザーのメンタルモデルのほうを概念モデルに一致させようとするわけです。メンタルモデルを変えるにはトレーニングが必要です。短時間のトレーニングビデオを見てもらえば、iPadを実際に使い始める前にメンタルモデルを変えられるでしょう。新製品の紹介ビデオなど、トレーニング用キットを用意することの大きな目的は、ユーザーのメンタルモデルを製品の概念モデルと一致させることだと考えられます。

▶ ユーザー中心設計

ユーザー中心設計（UCD：User-Centered Design）という言葉を聞いたことはありませんか。UCDの目的は、インタフェースのデザイナーとユーザビリティの専門家が共同でユーザーが簡単に理解できる使いやすいシステムを構築することです。UCDにおいては、ユーザーのメンタルモデルを考慮することが非常に重要です。

ポイント

- しっかりとした目標を設定してシステムの概念モデルを設計しましょう。技術的な観点からすぐにできるものを作ってそこから「ふくらませる」のは避けましょう。
- ユーザーが直感的に使えるシステムを設計する秘訣は、システムの概念モデルをできるだけユーザーのメンタルモデルと一致させることです。そうすれば、わかりやすく使いやすいシステムができあがります。
- まったく新しいシステム（製品）で、そのシステム（製品）に関してはどのユーザーのメンタルモデルもシステムの概念モデルと一致しないと思われる場合は、新しいメンタルモデルの構築に役立つトレーニングを用意する必要があります。

033
人は物語を使って情報をうまく処理する

　何年か前のある日、筆者はユーザーインタフェース関連のデザイナーが集まるセミナーの講師を務めました。部屋は満杯でしたが、参加したくもないのに上司の指示で参加している人がほとんどでした。「このセミナーは時間のムダだ」と考えている人を前に筆者は緊張していましたが、勇気を振り絞ってプレゼンテーションを始めました。深く息を吸い、笑顔を作り、大きく力強い声で話しました。「皆さん、こんにちは。ようこそおいでくださいました」。出席者の半分以上は、筆者を見てもいません。メールを読んだり、ToDo（やること）リストを書いたり。なかには朝刊を広げている人もいます。話によく聞く、「数秒が何時間にも感じられるような経験」です。

　ほとんどパニック状態でしたが、「どうすればいいんだろう？」と必死に考えました。そしてよいアイデアを思いつき、こう切り出したのです――「皆さんに面白い物語をお聞かせしましょう」。「物語」という言葉で皆が顔を上げ、目という目がこちらに向きました。皆の興味を引くための時間がわずかしかないことは直感的にわかっていました。

　「1988年のことです。巡洋艦の乗組員たちが領空内を監視しているレーダーの画面をじっと見つめていました。そのとき、画面に何かが映りました。このとき乗組員は、『あらゆる身元不明の航空機は撃墜せよ』という命令を受けていました。これは身元不明の航空機なのか？　軍用機なのか？　それとも民間航空機なのか？　どうすべきか判断するための時間は2分しかありません」

　大成功！　皆、筆者の話に耳を傾けてくれているようです。ユーザーを迷わせない使いやすいインタフェースを設計することの大切さを説明してその話を終え、幸先のよいスタートを切りました。その後、その日の講義はあっという間に過ぎ、皆が積極的に参加してくれ、筆者は講師としてそれまで以上に高い評価を得ることができました。今では「皆さんに面白い物語をお聞かせしましょう」という魔法の言葉を、講演やセミナーのたびに少なくとも1回は使っています。

　さて、ここまでの話も立派な「物語」であることに気がつきましたか？　物語には説得力があります。相手の注意を引き、その後も気をそらさせません。しかし、それ以上の力もあります。物語は、人が情報を処理するのを助け、物事の関係を伝えてもくれるのです。

物語の形式

　物語について科学的な分析をした人としてはアリストテレスが有名ですが、以来、多

くの人がその考え方を発展させてきました。アリストテレスの説のひとつが、始め、中間、終わりの3部から成る物語の構成です。今となっては珍しくもないかもしれませんが、2千年以上前にアリストテレスがこれを考え出したときには、かなり革新的なものだったでしょう。

　物語を語る人はまず、場面設定、登場人物、状況や（主人公などが立ち向かう）障害を聞き手に説明します。上で述べた物語では、設定（筆者はセミナーで講義を行わなければならなかった）、登場人物（筆者とセミナーの出席者）、障害（出席者たちは参加するつもりがなかった）を紹介しました。

　筆者の物語は非常に短かったので、中間部分も短いものでした。この部分では概して主役が克服しなければならない障害や対立が出てきます。ある程度は解決されることが多いのですが、完全に解決されるわけではありません。筆者の物語では、主役はいつものように講義を始めようとしましたが、うまくいきません。そこでパニックになってきました。

　物語の終わりの部分では障害が頂点に達し、その後解決されます。先の例では筆者はなすべきこと（出席者に物語を語る）を考え出し、それを実行し、成功しました。

　ここまで「物語」の概要を説明しました。こうした骨子に種々の要素を付け加え組み合わせることによって、さまざまな物語を展開することができます。たとえば、文学作品や映画に繰り返し登場するテーマがあります。冒険、恋愛、成長、運命、犠牲、復讐、戦い、トリック、失脚、謎解き、などです。

物語は因果関係を伝える

　明示的な因果関係が述べられていないときでも、物語が因果関係を「作り出す」ことがあります。物語はふつう何らかの形で時間軸に沿った話（最初にこれが起き、次にこれが起きるといった形式の話）になるからで、明示的なものがなくても因果関係を想像させるのです。クリストファー・チャブリスとダニエル・シモンズは『錯覚の科学』で次のような例をあげてこのことを説明しています [Chabris 2010]。

- ジョーイは兄から何度も何度も殴られた。翌日ジョーイの体はあざだらけになった。
- イカれた母親がジョーイに激しい怒りを爆発させた。翌日ジョーイの体はあざだらけになった。

最初の文では因果関係が明確に述べられています。ジョーイが殴られ、あざができます。殴られたことによって、あざができたのです。2番目の文では明示的には因果関係は書かれていません。研究結果によると、この文については、何が書かれているのかを（脳が）考えるため理解に少し時間がかかることがわかっています。しかしほとんどの人は、明示されていなくても母親のせいでジョーイにあざができたのだと結論を出します。あとでこの部分を思い出してもらうと、明示されていないにもかかわらず、母親がジョーイを殴ったと書かれていたと思い込む人が多いのです。

　人は物事に因果関係を当てはめたがります。1章で見たように視覚野がパターンを求めて実際にはないものを補うのと同じように、思考のプロセスでも似たようなことをしているのです。人は因果関係を探すものなのです。脳は「関連のある情報はすべて与えられていて、その中に因果関係がある」と思い込みます。物語を利用すると、このような「因果関係の飛躍」を簡単に起こせるのです。

物語はあらゆるコミュニケーションにおいて重要

　筆者のクライアントはよく次のような「言い訳」をします――「物語がしっくりくるウェブサイトもありますが、私たちが担当しているサイトには合いません。会社の年次報告のサイトを設計しているところですが、財務情報だけなので、物語は適しません」。実際にはそんなことはありません。何らかのコミュニケーションを取ろうとする意志があれば、ふさわしい物語は見つかります。

　メドトロニックという医療関連企業があります。この会社の2010年の年次報告書を見てみましょう（http://216.139.227.101/interactive/mdc2010/）。この会社の製品に助けられた患者、アントワネット・ウォルターズさんの写真がこの報告書の表紙を飾っています。そして、この患者の短い物語も続くページに載っています。

　「このページと表紙の写真はアントワネット・ウォルターズさんです。ウォルターズさんは重度の脊柱側弯症（せきちゅう）で痛みのために動けず、骨の変形が徐々に悪化していました。そのため骨の並び方を直す脊椎固定手術を受けました（この手術には弊社の製品が使われました）。今では脊柱がほとんどまっすぐになり痛みもほぼ消えて、身長が数センチも高くなりました」

　この年次報告書にあるのは、ウォルターズさんの物語だけではありません。この人のように同社の製品に助けられた人や、さまざまな技術を開発した社員の物語が高画質の

写真とともに財務報告の随所ににちりばめられています。物語は財務以外の情報にも興味を抱かせ、財務的な数値と報告書に表明されている企業の使命とをつなぐ役割も果たしています。

ポイント

- 物語は人が情報を処理するのに適した自然な形式です。
- 「因果関係の飛躍」を起こさせたければ、物語を使いましょう。
- 物語は娯楽のためだけに存在するわけではありません。伝える情報がいかに無味乾燥なものでも、物語を使えばわかりやすく、興味深く、記憶しやすいものになります。

034
人は例を使ってうまく学ぶ

　皆さんはある会社のマーケティング担当の部署で働いているとします。顧客に新製品に関するメールを送りたいという場面を考えてみましょう。そこで、#027で説明したMailChimpのサービスを利用してメールマガジン（メルマガ）を送ることにしました。MailChimpにログインしてどのようにすればよいか説明を読んでみましょう。この本の執筆時点では次のようになっていました[†]。

1. [Dashboard]あるいは[Campaign]のタブにある大きな[Create Campaign]のボタンをクリックし、作成したいメールマガジンのタイプを選択します（最初は[Regular Ol' Campaign]を選択します）。
2. 「Campaign Builder」に入ります。手順1で、送信先のリストを選択します。リストを選択したら、[Next]のボタンをクリックして次に進むか、[Send to Entire List]をクリックするかします。
3. Campaign Builderの手順2で、キャンペーン名を付け、タイトル、送信元の名前、送信元アドレスのフィールドに記入します（「MERGETAGS」を用いて「To:」のフィールドの設定ができます）。また、トラッキング、認証、アクセス解析、ソーシャルメディアでの共有のオプションもあります（これらの手順のページを見るには、ブラウザの戻るボタンではなく、[Next]か[Back]のボタンをクリックしてください）。
4. Templateの項目の下の[Pre-designed][Auto-connect][Premium]あるいは[Start from Scratch]（完全にカスタマイズ可能な簡単なテンプレートのレイアウト）などをクリックして、メールマガジンのテンプレートを選択します。作成して保存したテンプレートは、[My Templates]の下に保存されます。独自のコードを利用する場合は、[Paste/Import HTML]あるいは[Import from URL]のオプションを使います。顧客用に編集可能な（あるいは編集不可の）テンプレートを作成する場合は、[Code Custom Templates]を選択します。
5. テンプレートを選択すると、Campaign Builderの手順3の画面に戻ります。本文のエディタでスタイルと本文を編集します。[Show Style Editor]をクリックして、スタイルのオプションを表示させます。

　まだまだ続きます。長くてわかりにくいですね。幸い、MailChimpで実際にこうなっているわけではありません。文章は同じですが、同じページに内容を説明するスクリー

[†] MailChimpのサイト（http://www.mailchimp.com/）の説明は実際にはもちろん英語で書かれています。なお、このサイトのメルマガサービスは日本での評判もよさそうで、多くの利用者がいるようです。

ンショットが用いられています。**図34-1**は、文章とスクリーンショットのある実物の画面例です（画面例はこの本の執筆時のもの）。

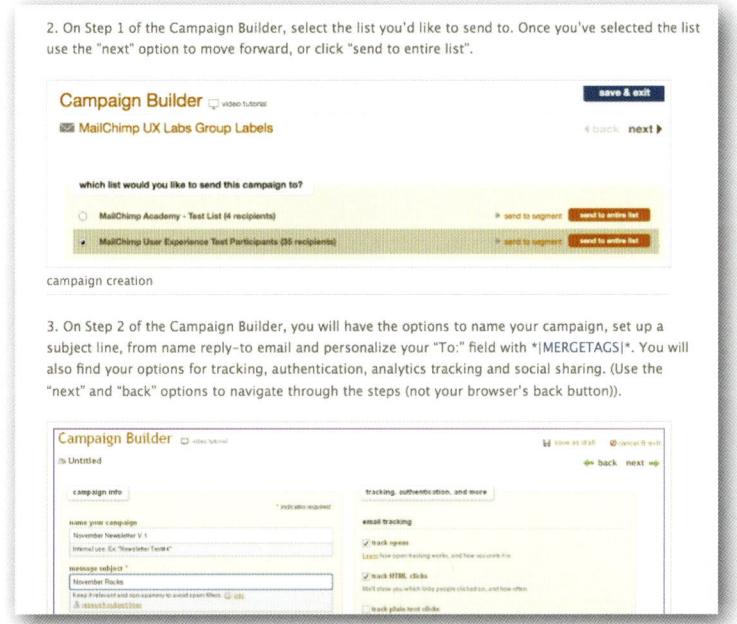

図34-1 MailChimpでは、スクリーンショットの画面を使って手順の実例を示している
（www.mailchimp.com より。MailChimp® is a registered trademark of The Rocket Science Group）

　実例を示すのに、スクリーンショットや写真のほか、MailChimpのサイトにもあるようにビデオを使う方法もあります（**図34-2**）。ビデオは、オンライン上で実例を示す上で特に効果的な方法です。映像、音、画像が組み合わされており読む必要がないので興味を引きやすいのです。

図34-2　MailChimpでは、実例を示すのにビデオも使われている（www.mailchimp.comより。MailChimp® is a registered trademark of The Rocket Science Group）

ポイント

- 人は例を使うとうまく学べます。何をすべきかを言葉で説明するだけでなく、画像などをうまく利用しましょう。
- 実例を示すために、写真やスクリーンショットを利用しましょう。
- 短めのビデオを使い、例をあげて説明するとさらに効果的です。

035
人は分類せずにはいられない

『セサミストリート』をよく見ていた人なら、"One of these things is not like the other"（ひとつだけ違う！）というコーナーを覚えていると思います。

★ 『セサミストリート』のビデオ
このコーナーを知らない人はYouTubeのビデオをご覧ください。たとえば以下です。
http://bit.ly/eCSFKB
http://www.youtube.com/watch?v=etuPF1yJRzg

『セサミストリート』のこのコーナーの狙いは、子どもたちに「物の違い」に気づいてもらうこと、「分類」のしかたを学んでもらうことです。ただ、次のふたつの理由から子どもに分類の方法を教えようとするのはおそらく不必要なことであり、また効果もないでしょう。その理由は次のとおりです。

- 人は自然に分類するようになる。母国語を自然に学ぶように、身の回りの世界にあるものを分類することを自然に学ぶ。
- 7歳くらいまでは子どもは分類することにあまり関心をもたないので、7歳未満の子どもに対して分類方法を教えても意味がない。7歳を過ぎた子どもは自然に分類に興味をもつようになる。

人は分類を好む
ウェブサイトをデザインするときに、コンテンツのカードソート（カード分類）をしたことがあるでしょうか？ ウェブサイトを対象にカードソートをする場合は、各カードにそのウェブサイトのコンテンツに関連する語句を書いておき、このカードの束を渡して分類してもらいます。たとえば、キャンプ用品を売るサイトをデザインしているのであれば、テント、コンロ、バックパック、返品、発送、ヘルプといった言葉が書かれたカードの束になります。カードを渡された人は、何らかの意味をもつようにカードを分類します。分類をしてもらうのはひとりでも複数人でもかまいませんが、どう分類されたかを分析してサイト構築の参考にします。筆者は自分の講義の演習を含め、何度かこの手法を試したことがありますが、誰もが真剣に取り組んでくれます。人はカテゴリを作って分類するのが好きなのです。情報の整理という観点から見て、分類が非常に重要

であることに間違いはないでしょう†。

カテゴリが与えられないと自分で作る

1章で見たように、視覚野は目に入るものにパターンを見つけ出そうとします。同様に、人は大量の情報を前にすると分類を始めます。周囲の世界を理解するためです。

誰が分類するかはそれほど重要ではない

筆者がペンシルベニア州立大学で修士論文に取り組んでいたとき、人は他人が分類した情報と自分で分類した情報のどちらをよく記憶しているかという調査を行いました。その結果、誰が分類したかは大して問題にならないことがわかりました。重要なのは、どれだけうまく分類されているかでした。情報がうまく整理されていればいるほど、よく覚えていました。自分流の方法で情報を分類するのを好む人もいましたが、情報がうまく分類されてさえいれば、自分の手法か他人の手法かはそれほど結果に影響しませんでした。

ポイント

- 人は物事を分類したがるものです。
- 未分類の情報が大量にあると、人は圧倒され、自分で整理しようとします。
- ユーザーのためにできるだけわかりやすく情報を整理しましょう。そのとき、3章の#020で説明した「一度に覚えられるのは4つだけ」というルールを忘れずに。
- どういった整理方法がもっとも自然に感じられるかユーザーに意見を尋ねるのは有益ではありますが、より重要なのはデータをきちんと整理することです。なお、分類された各カテゴリの命名法（どう呼ぶか）も、データの整理方法に負けず劣らず重要です。
- 7歳以下の子ども向けのサイトをデザインしている場合、分類作業は子どものためというよりは、子どもの周囲にいる大人のためという側面が強くなるでしょう。

† カードを使った情報整理法に、川喜田二郎氏が考案したKJ法があります。KJ法は、品質管理（Quality Control：QC）の世界では親和図法（Affinity Map）と呼ばれています。詳しくは『ゲームストーミング』（オライリー・ジャパン）を参照してください。この本では、親和図法のほかにも、会議やワークショップなどで意思の疎通をはかったり、アイデアを創出したりするのに役立つゲームが80種類以上紹介されています。

036
時間は相対的である

　先日、少し離れたところに住んでいる友だちを訪ねました。行きも帰りも車を2時間ぐらい運転したのですが、行きのほうがはるかに長く感じました。皆さんも同じような経験をしたことはありませんか？

　フィリップ・ジンバルドとジョン・ボイドは『迷いの晴れる時間術』[Zimbardo 2009]という興味深い本の中で、私たちの時間感覚がどれほど相対的なものであるかを解説しています。目に錯覚があるように、時間感覚にも錯覚があるのです。フィリップ・ジンバルドの研究によると、メンタルな処理の量が多ければ多いほど、より多くの時間が経過したと感じるといいます。#027で説明した「段階的開示」に関連しますが、課題の各段階で中断して考えなければならないときには、その課題に非常に時間がかかったと感じられます。メンタルな処理が行われると、時間を長く感じるのです。

　時間に対する感覚や人々の反応は、あらかじめ時間がどの程度かかるか予想できるか否かにも大きく左右されます。パソコンでビデオを編集しているとしましょう。ストーリーの編集が終わって、最終的なビデオファイルを生成するボタンをクリックしました。生成処理が完了するまでどのくらいの間ならばフラストレーションを感じずに待つことができるでしょうか？　もう何度も作業をしたことがあっていつも3分かかっているのであれば、3分は長く感じないでしょう。また、進行状況を示すプログレスバーがあれば、どのくらいで終了するかがわかります。どちらの場合も、その間に一息入れることができます。しかし、あるときは30秒待つだけでよいが別のときは5分かかるといったように、待ち時間がまちまちな場合は実際の処理が3分間で終わってもフラストレーションを感じ、3分がはるかに長く感じられるでしょう。

時間に追われているときには、立ち止まって他人を助けたりはしない

　ジョン・ダーリーとダニエル・バットソンはプリンストン神学校の学生を被験者にしてある実験を行いました [Darley 1973]。まず学生に、「神学校の卒業生の仕事」か「よきサマリア人の話」のいずれかの題材でスピーチの準備をするよう依頼しました。よきサマリア人の話というのは、「大怪我をして行き倒れになっていた人がいた。祭司が何人か通りがかったが素通りし、サマリア人だけが立ち止まって助けた」という聖書に出てくる物語です。実験では、神学校の学生たちがスピーチの準備を終えたところで、キャンパスの反対側にある建物まで歩いて行ってそこでスピーチをするよう依頼しました。このとき、次の3種類の異なる指示を出して、状況が行動に与える影響を調べました。

- 緊急度が低いグループ——「あちらでは少し待つ必要があるかもしれませんが、それほど長くはないはずです。すぐに向かったほうがよいでしょう」
- 緊急度が中程度のグループ——「アシスタントがあなたを待っているので、すぐ向こうへ行ってください」
- 緊急度が高いグループ——「遅刻です。向こうでは少し前に到着しているはずだと思っています。すぐ行ってください。アシスタントが待っています。1分もあれば着きます」

そして、それぞれの学生に行くべき場所について指示が書かれたカードを渡しました。指示に従っていくと、途中、うずくまって咳をしながらうめいている人（実験の協力者）のそばを通るようになります。さて、何人の学生が立ち止まって手を差し伸べたでしょうか？　準備していたスピーチとは関係があるでしょうか？　急ぐよう指示をされたかどうかに関係があるでしょうか？

立ち止まって手助けをした学生の割合は次のとおりでした。

- 緊急度が低いグループ—— 63%
- 緊急度が中程度のグループ—— 45%
- 緊急度が高いグループ—— 10%

被験者が準備したスピーチの種類（仕事の話か「よきサマリア人」の話か）によって、立ち止まって手助けをしたかどうかに大きな違いはありませんでしたが、急ぐよう指示を出されたかどうかには大きく影響されました。

時間感覚の変化

　10年前は、ウェブページの読み込みに20秒かかっても皆それほど気にしませんでした。しかし最近では3秒も待てません。筆者が定期的に見るサイトのひとつはロードに12秒もかかり、まるで永遠のように感じます。

体内で時間を処理するメカニズム

スティーブン・ラオらはfMRIを使って、大脳基底核と頭頂葉が時間に関する情報を処理していることを立証しました [Rao 2001]。このほか、体内の各細胞も時間に関係する機能をもっていることが明らかになっています。

ポイント

- 進行状況を示すインジケータを常に表示して、ユーザーが作業にかかる時間を把握できるようにしましょう。
- 可能であれば、作業に必要な時間を均一にしてユーザーが処理の所用時間を見積もれるようにしましょう。
- 作業が短く感じられるよう何ステップかに分けて、ユーザーが考える時間を短くしましょう。メンタルな処理は、時間が長くかかるように感じてしまいます。

037 クリエイティブになるための4つの方法

誰かがこんなことを言っているのを聞いたことはありませんか？「ケンはとてもクリエイティブな人だ。ぼくもあんな風に創造的な仕事がしたいなあ」。この場合、創造力が、歌を歌ったり絵を描いたりする能力のように、天性のスキルや才能であるかのように聞こえます。また、こんな風に言う人もいます。「もっとクリエイティブになるための方法を学ぶセミナーに行くの」。この場合、創造力が誰でも学べるスキルであるかのように聞こえます。どちらが本当でしょうか？　どちらもある意味では正しいのです。

アーン・ディートリックは脳と神経科学の観点から創造性に関する論文を書きました[Dietrich 2004]。この論文の中で、対応する脳の活動の観点から、創造性を4つのタイプに分けています。

- 熟考的で認知的な創造性
- 熟考的で感情的な創造性
- 自然発生的で認知的な創造性
- 自然発生的で感情的な創造性

表にすると図37-1のようになります。

	認知的	感情的
熟考的	トーマス・エジソン	癒やし効果のあるアハ体験†
自然発生的	ニュートンとリンゴ	芸術家、音楽家

図37-1　創造性の4種類のタイプ

† 今までわからなかったことがわかったり、何かを思いついたりすること。英語の"aha"は、こういったときに発せられる間投詞で「へーっ！」「そうか！」「なるほど！」といった意味をもつ。

創造性には感情的なものと認知的なものがあります。また、突然現れる自然発生的なものも、熟考することによって得られるものもあります。2×2の組み合わせで、合計4種類のタイプがあることになります。

熟考的で認知的な創造性

　熟考的で認知的な創造性は、継続的な活動から生まれるタイプのものです。たとえば、電球を発明したトーマス・エジソンは熟考的で認知的なクリエイターです。エジソンは発明をするまでには何度も実験を繰り返しました。電球のほかに蓄音機や映画撮影用のカメラも発明しました。アメリカの特許は1,093件、ヨーロッパではさらに多くの特許を取得しました。エジソンの名言をいくつかあげてみましょう。

　私は失望など決してしない。どんな失敗も新たな一歩となるからだ。
　私は失敗したことがない。1万通りの、うまくいかない方法を見つけただけだ。
　人生に失敗した人の多くは、諦めた時点で自分がどれほど成功に近づいていたかに気づかなかった人たちだ。

　エジソンは熟考的で認知的な創造力をもった偉人ですが、アーン・ディートリックによると、このタイプの創造力は額のすぐ後ろにある前頭前皮質の活動がもとになっているものの、創造的な思考がここで行われるというよりは、次のような機能によって創造的な活動を後押しするのだそうです。

- あることに意識を強く集中させる
- 脳の別の場所に格納されている情報の断片を結びつける

　熟考的で認知的な創造性を引き出すには、特定のテーマについてある程度の知識をすでにもっていることが必要です。この種の創造力を発揮するときには、現在もっている情報を今までにない斬新な方法でまとめているのです。

熟考的で感情的な創造性

　何年も前、筆者は相次いで危機的状況に見舞われました。長年にわたる関係が後味悪く終わってしまい、知人がひとりもいない街に引越し、好きかどうかもよくわからない仕事を始めました。分不相応な部屋を借り、家具を買う余裕がなかったので床にマットレスを敷いて寝ました。そんなとき、アパートにノミが湧いたのです。衣類を全部、コインランドリーで洗濯しました（洗濯機も乾燥機も買うお金がなかったのです）。ところが服を取りに戻ったときには全部盗まれてしまっていました。まさに「とどめの一撃」です。

オフィスでへなへなと腰をおろし、考え込んでしまったことは今でも忘れられません。我が身に降りかかった一切合切がなぜ起きてしまったのか突き止めなければなりませんでした。なぜ次々と誤った判断をしてしまっているのか。すると、「アハ体験」が訪れました。筆者はこの危機が起こる10年前から両親の死などで大変な時期があったので、強くなって自立し、自分の面倒は自分でみなければなりませんでした。そのため「自分は強い人間だ。どんな危機にも対処できる」という信念がありました。しかしここに来てようやく悟ったのです。強いことを自分自身に証明するため、さらなる危機を招くような判断をしていたのです。少なくとも部分的にはそうした判断をしていました。
　そこでそうした信念を変えようと決心し、大きな声を出して言いました。「私の人生はお気楽で優雅なものよ」と。筆者は同僚のところへ行き、別の部屋が見つかるまでの数週間、彼女のアパートに泊めてほしいと頼みました。それから大家さんに電話して、ノミのいる家賃の高いアパートから出ていくと告げ、人生をもっと気楽なものにする決断を下し始めました。
　このような筆者の体験を熟考的で感情的な創造性の例と言ってもよいかもしれません。このタイプの創造性も前頭前皮質に関連しています。熟考することが必要です。しかし、このような創造性を発揮するときは、知識やスキルとは直接には関係がなく、感覚や感情とつながりのある「アハ体験」がきっかけとなります。扁桃体は感情や感覚、特に愛情、憎悪、恐怖などの基本的な感情の処理が行われる領域です。面白いことに、前頭前皮質は扁桃体とはつながっていません。しかし帯状回という感情とも関連のある脳の別の領域があります。この帯状回が、世の中で自分の置かれた状況や他人とのかかわり方に関連したより複雑な感覚を扱っており、前頭前皮質とつながっているのです。

自然発生的で認知的な創造性

　皆さんが解決できそうにない問題に取り組んでいるとしましょう。たとえばプロジェクトに参加する社員の割り振りを考えているものの、どう割り振ってよいのかさっぱりわからないといったケースです。まだ答えは出ていませんが、昼食の時間になってしまいました。友人と食事をする約束も、済まさなければならない用事もあります。ところが用事や昼食を済ませた帰りに通りを歩いていると、突然、社員の割り振り方を思いつきました。これが自然発生的で認知的な創造性の例です。
　このタイプの創造性には脳の大脳基底核がかかわっています。ここはドーパミンが蓄

えられている場所で、人間がまったく意識していないところで働きます。自然発生的で認知的な創造力を発揮しているときには、「意識的な脳」が問題に取り組むのをやめるため、代わりに脳の無意識に関与する部分が問題に取り組む機会が与えられます。問題が独創的な考え方を要するものなら、一時的に意識の働きを停止させる必要があります。関係のない別のことをすることで、前頭前皮質は無意識下の知的処理を介して情報を新しい方法で結びつけることができるようになるのです。アイザック・ニュートンが木から落ちるリンゴを見て万有引力の法則を思いついたという話は、自然発生的で認知的な創造性の例です。このタイプの創造性には、それなりの経験的知識が必要とされます。それが認知的と呼ばれる理由です。

自然発生的で感情的な創造性

自然発生的で感情的な創造性は扁桃体で生じます。扁桃体は基本的な感情が処理される領域です。意識的な脳と前頭前皮質が休んでいるとき、自然発生的なアイデアが生まれ創造が行われます。この種の創造力は、優れた芸術家や音楽家がもつものです。このような創造が行われる瞬間は、ひらめきや宗教体験のようにきわめて強力なものとなる場合もあります。

このタイプの創造性には具体的な知識は必要ありませんが（認知を要するものではないのです）、この創造力によるアイデアから何かを作り出すためには、多くの場合（著述、芸術、音楽などの）スキルが必要になります。

➡ 行き詰まったら眠る

カリフォルニア大学サンディエゴ校の神経科学者、サラ・メドニックは、創造性や問題解決について自らが行った研究に基づいて、『「ちょっと寝」があなたの人生を変える！』[Mednick 2006] という本を書きました。この本で紹介されている代表的な実験では、被験者に仮眠を取らせてからパズルを解かせました。仮眠中にレム睡眠[†]に入った人は、一晩中眠った翌朝にパズルに取り組んだときより40%多くパズルを解きました。レム睡眠の起こらない睡眠や単に休みをとっただけの人は、かえって結果が悪くなりました。ウルリッヒ・ワーグナーは、被験者に数字列のリストを一連の新しい数字の列に変換するという退屈な作業をさせる実験を行いました [Wagner 2004]。この作業では複雑な計算

† 睡眠中の状態には、眼球の急速な動きを伴う睡眠と伴わない睡眠がある。前者をレム睡眠、後者をノンレム睡眠という。レム睡眠のとき、体は寝ているが、脳は活動している。

をする必要がありました。しかし「ショートカット」が用意されていて、それに気づけば簡単にできるようになっていました。ただ、そのショートカットは2組の数字列の間にある関係を見つけるもので、数時間後でも、この関係に気づいた人は25%しかいませんでした。しかし、間に睡眠をとった場合は、約60%の人がその関係に気づきました。

ポイント

- 創造性にはいくつかのタイプがあります。創造性を育むための経験が積みたいのであれば、まずどのタイプの創造性を目標にするかを決めたほうがよいでしょう。
- 熟考的で認知的な創造性は高いレベルの知識と長い時間を必要とします。このタイプの創造性を求めるなら、事前に必要十分な情報を提供しなければなりません。必要な情報を得られる場所や、問題に取り組むのに十分な時間を与える必要があります。
- 熟考的で感情的な創造性には、静かな時間が必要です。考えるべき疑問や課題を相手に与えることはできますが、ウェブサイトでほかの人とやり取りするだけですぐに答えが見つけ出せるとは期待しないほうがよいでしょう。たとえば、ネット上で特定の問題についての支援サイトを作れば、最終的には熟考的で感情的な創造性が得られるかもしれませんが、おそらく、オフラインにして物事の本質を見抜く静かな時間をとってもらう必要があるでしょう。そうした洞察のあとに、オンラインに戻ってほかの人たちとその洞察を共有するように提案するのがよいでしょう。
- 自然発生的で認知的な創造性の場合は、問題に取り組むのを一旦やめてその場を離れる必要があります。このタイプの創造力を使って問題を解決させるようなウェブ用のアプリケーションやサイトをデザインするのであれば、ある段階で問題を提示したあと、数日後に解決して戻ってきてもらうようにする必要があるでしょう。
- 自然発生的で感情的な創造性を（意識して）獲得したり、その獲得方法を教えたりすることは、おそらく不可能でしょう。
- 自分自身の創造の過程においても、上にあげたルールが当てはまることをお忘れなく。創造的なデザインに取り組むのに十分な時間を確保し、行き詰まったら眠ってからもう一度考えましょう。

038
人は「フロー状態」に入る

　皆さんが何らかの活動に没頭しているとしましょう。どのような活動かは問いません。ロッククライミングやスキーのように体を動かすことでもよいですし、ピアノの演奏や絵を描くといった芸術的、創造的なこと、あるいはプレゼンソフトを使ってプレゼンテーションの準備をしたり、授業をしたりといった活動でもかまいません。何であれ、何もかも忘れて没頭しています。他のすべてから離れ、時間の感覚も変わり、自分が何者でどこにいるのかもほとんど忘れています。こうした状態はフロー状態（忘我の境地）と呼ばれます。

　フロー状態に関して本 [Csikszentmihalyi 2008] にまとめたのがミハイ・チクセントミハイです。長年にわたって、世界各地でフロー状態に関する研究を続けています。フロー状態とデザインに関連する事柄をまとめてみましょう。

　まずフロー状態に入る方法と、その状態を保つための方法です。

作業に没入する
　何に注意を向けるかをきちんとコントロールし、作業に集中する必要があります。気が散ってしまうと、フロー状態は消滅してしまいます。皆さんの製品を使っているときにユーザーにフロー状態に入っていてほしければ、ユーザーが作業をしているときに気を散らす原因となってしまうものをできるだけ少なくするようにしてください。

具体的で明確、かつ達成可能な目標をもつ
　歌っているときでも、自転車を修理しているときでも、マラソンレースに参加しているときでも、明確な目標があるときにだけフロー状態が生まれます。そして意識の集中を持続させ、その目標に適した情報だけを取り込みます。研究結果によると、フロー状態に入りそれを持続するためには「目標を達成する見込みが十分にある」と感じる必要があります。目標を達成できない可能性が高いと感じると、フロー状態に入れません。また逆に、その活動が十分挑戦しがいのあるものでなければ興味がもてず、フロー状態は途切れてしまいます。課題は必ず興味を十分引きつけておけるような手ごたえのあるものにし、かといってやる気をそぐほど難しいものにはしないでください。

定期的なフィードバックを得る
　フロー状態を保つためには、目標達成までの残りの道のりを示すフィードバック情報が絶えず入ってくる必要があります。ほかの人にフロー状態を保ってもらうために

は、フィードバックとなるメッセージをしっかりと伝える必要があります。

自らの行動がコントロールできる

物事を自分でコントロールできるということはフロー状態でいるための重要な要件です。必ずしも現在の状態全体をコントロールしている（と思える）必要はありませんが、何かに立ち向かうような状況では、自分自身をコントロールできていると感じられる必要があります。ユーザーに対しては、肝心な場面では自分がコントロールできていると思えるような状況を作り出す必要があります。

次にフロー状態に入っているときの感覚についてです。

時間感覚が変化する

時間の進みが速くなる（「気がついて顔を上げたら、何時間も過ぎていた」）と言う人がいる一方で、時間の進みが遅くなると言う人もいます。

自分に対する脅威は感じない

フロー状態に入っているときには、自分自身に危険が迫っていると感じることはありません。目の前にある作業に全神経を集中するために、十分リラックスする必要があります。事実、ほとんどの人は作業に専念しているときには自意識がなくなると言っています。

フロー状態は個人的なものである

フロー状態に入る（入れる）活動も、そうした状態に入るきっかけも、人によってさまざまです。

そのほか、フロー状態については次のような事実が明らかになっています。

フロー状態は文化を越える

これまでのところ、フロー状態はあらゆる文化の違いを越えた、人間の共通な体験だと見られています。ただし何らかの精神疾患のある人は例外です。たとえば統合失調症の患者は、集中する、コントロールする、自分に対する脅威を感じないなど、上にあげたものの実現が難しいため、フロー状態に入ったりその状態のままでいることはなかなかできないでしょう。

フロー状態では喜びを感じる

人はフロー状態を好ましいものだと感じます。

前頭前皮質も大脳基底核もかかわっているらしい

フロー状態と関係のある脳の領域に関する詳細な研究は筆者の知るかぎりまだありませんが、フロー状態と時間の感じ方の変化、喜びが伴うこと、意識を集中させることが関連している点を考慮すると、意識の集中にかかわる前頭前皮質と、ドーパミンの生成に関与している大脳基底核の両方がかかわっている、と筆者は考えています。

ポイント

フロー状態を生み出すために必要なことをあげます。たとえばゲームを設計するのであれば、ユーザーをフロー状態に導ければ成功の可能性は高くなるでしょう。

- 作業中の行動を本人にコントロールさせましょう
- 難しい作業は何段階かに分けましょう。現在の目標が「困難だが達成可能」と感じられる必要があります。
- 絶えずフィードバックを与えましょう。
- 気を散らすものを最小限にしましょう。

039
文化は考え方に影響する

図39-1を見てください。

図39-1　ハンナ・チュアによる研究で用いられた写真

　皆さんは、牛と背景ではどちらのほうに注目しますか？　答えは育った国や地域によって異なるかもしれません。アメリカ、イギリス、ヨーロッパなどの西洋と、日本や韓国、中国などの東洋とでは大きく異なる可能性があるのです。リチャード・ニスベットは著書『木を見る西洋人　森を見る東洋人 ── 思考の違いはいかにして生まれるか』[Nisbett 2003]で、私たちの考え方が文化にどう影響されるかを示しています。

東洋人は人間関係を重視し、西洋人は個人主義的

　西洋人に写真を見せると、前景にある中心的なものや目立つものに注目しますが、東洋人は写真の状況や背景に注目する傾向があります。西洋で育った東洋人はアジアのパターンではなく西洋のパターンを示すので、この違いを説明できるのは遺伝ではなく文化だということになります。

　東洋では人間関係と集団に重きが置かれることが多く、背景により多く注意を払うことを学んで育ちます。一方、西洋社会はより個人主義的なので、西洋人は中心となるものに注目することを学んで育つというわけです。

　ハンナ・チュアら [Chua 2005] とリュウ・チーフイ [Zihui 2008] は、図39-1の写真で視線追跡装置により目の動きを調べました。その結果、どちらの実験でも、東アジア出身の被験者は背景の中心部分を見る時間のほうが長く、西洋出身の被験者は前景の中心部分を見る時間のほうが長いことが明らかになりました。

脳スキャンに現れる文化的な相違

シャロン・ベグリーは2010年に、神経科学の研究に対して文化がどのように影響するかを考察した記事 [Begley 2010] を『ニューズウィーク』に書き、次のように述べています。

> 複雑で動きの激しい場面を見せたとき、アジア系米国人と非アジア系米国人では、活性化される脳の領域が異なっていた。アジア系米国人は「図と地」[†]の関係（全体的な状況）を処理する領域のほうが活性化したが、非アジア系米国人は物を認識する領域のほうが活性化した。

† 「図」は知覚の焦点が合わされる部分、「地」は背景となる部分を意味する。

➡ 研究の一般化に関する問題

西洋人と東洋人とで感じ方が異なるとすれば、心理学（あるいはその他の分野）の研究成果を一般化してよいものかどうか疑問が生じることになります。従来は特定の地域の被験者だけを対象に実験を行うことに対して何の疑念もありませんでした。しかし上で見たような事実が明らかになった以上、こうした実験に対して疑問の目を向けざるを得なくなったのです。ただ、幸いなことに現在では世界各地でさまざまな研究が行われ、同じ研究を世界各地の研究者が実施するようになっています。このため、心理学の研究は以前ほど特定の地域やグループに偏ったものではなくなってきています。

ポイント

- 地域あるいは文化的な背景が異なると、写真やウェブサイトのデザインに対して異なった反応をすることがあります。東洋人は西洋人より背景や状況に注目し、それを記憶する傾向があります。
- 世界各国で使われる製品をデザインしている場合、ユーザーに関する調査は複数の地域で行ったほうがよいでしょう。
- 心理学の研究内容を読む際、被験者が全員同じ地域の出身だとわかったら、研究結果の一般化を避けたほうが無難かもしれません。過度な一般化には注意が必要です。

5章 人はどう注目するのか

人を注目させる要因にはどのようなものがあるでしょうか。私たちはどのようにして、人の注意を引き、その後も相手の気を逸らさないようにしているでしょうか。私たちが何かに注意を払う払わないの違いは、どのようにして生じているのでしょうか。

040
注意力は選択的に働く

ロバート・ソルソは2005年に次のような例文を考案しました [Solso 2005]。太字だけを読んでみてください。

Somewhere **Among** hidden on a **the** desert island **most** near the **spectacular** X islands, an **cognitive** old Survivor **abilities** contestant **is** has the concealed **ability** a box **to** of gold **select** won **one** in a **message** reward **from** challenge **another**. We Although **do** several hundred **this** people **by** (fans, **focusing** contestants, **our** and producers) have **attention** looked **on** for it **certain** they **cues** have such **not** as found **type** it **style**. Rumor **When** has **we** it **focus** that 300 **our** paces **attention** due **on** west **certain** from **stimuli** tribal **the** council **message** and **in** then **other** 200 **stimuli** paces **is** due **not** north X marks **clearly** the spot **identified**. Apparently **However** enough **some** gold **information** can **from** be **the** had **unattended** to **source** purchase **may** the **be** very **detected** island!

認識能力の中でも特に驚異的なのが、ある情報を別の情報と区別する能力です。活字の書体など、手がかりとなるものに着目して区別しています。ある要素に着目していると、それ以外の要素はあまりはっきり認識されません。もっとも、着目していない要素からも何らかの情報を得てはいるようですが。

人間はさまざまな場面で気が散ります。何かに集中していたのに気が散ってしまった、ということはよくあるものです。その一方で、あることに熱中していて、あとは一切「お留守」になっていたということもあります。選択的注意と呼ばれる現象です。

どれだけ注目を集められるかは、相手をどれだけ夢中にさせられるか、巻き込めるかで決まります。たとえば皆さんのウェブページがショッピングサイトだとしましょう。贈り物を買おうとして閲覧してくれた人が、まだ何を買うか決めていない場合、図40-1のような大きな写真やアニメーションなどがあれば、注目してもらえるはずです。

図40-1　大きな写真などは注目してもらえる

　これに対して、図40-2のような画面で個人情報などを入力していくといった作業に集中しているときには、人は無関係なことを意識から排除しようとするものです。

図40-2　注意を要する作業をしているときには、無関係な情報を意識から排除しようとする

無意識に働く選択的注意

皆さんが森の小道を歩きながら今度の出張のことを考えているとしましょう。道にヘビがいて、飛びのきます。心臓がドキドキ。すぐ走り去ろうとしますが、ちょっと待って。ヘビだと思ったら、ただの小枝でした。落ち着きを取り戻し、また歩いていきます。小枝だと気づいたことも、落ち着きを取り戻したことも、ほとんど無意識のうちにした行為でした。

拙著 *"Neuro Web Design: What Makes Them Click?"* では、こうした無意識的な心の作用を解説しています。選択的注意は、この章の冒頭の引用を読んでいただいたときのように意識的に働くこともありますが、無意識的にも働くのです。

★ パーティー効果

カクテルパーティーに参加しているとしましょう。皆さんは隣の人と話しています。会場は騒がしいのですが、ほかの人の話し声は意識の外に置いておけます。しかしそのとき、誰かが自分の名前を口にするのが聞こえました。このように、自分の名前など必要な情報は知覚のフィルタを通過し、聞き取れるようになっています。

ポイント

- 特定のことだけに注目し、ほかは一切無視するよう指示すると、誰でもそれほど時間をかけずに、そのとおりにできるものです。
- 人はいつも無意識に特定の情報を選別しようとしています。自分の名前のほか、食べ物、セックス、危険に関する情報などです。

041
情報は取捨選択される

　世の中には、「あなたの考えは理にかなっていない」といくら証拠を並べて示しても、長年信じてきた考えを変えようとしない人がいるものです。そんな人に会ったことはありませんか。こういう人は自分の信念を裏づける情報や手がかりなら探したり注目したりするくせに、信念を覆すような情報を求めることはしません。そういった情報は軽視するか、もっとひどい場合は「無視」してしまいます。

　情報の取捨選択（フィルタリング）によって情報の量を減らすことができ、「どれもこれも見落とせない」という状況から脱することができます。取捨選択は有用なことが多いのですが、冒頭にあげた人のような独善的な取捨選択は避けなければなりません。

　1988年、アメリカ海軍の巡洋艦ヴィンセンスがペルシャ湾に停泊していたときの出来事です。ある日、乗組員がレーダー画面の走査中に接近してくる航空機を確認。早い段階でこれを民間機ではなくイランの軍用機と判断し撃墜しましたが、のちに民間機であることが判明。乗客乗員合わせて290人全員が死亡しました。

　こんな結果を招いてしまった要因は多々ありますが、当時アメリカとイランが緊張状態にあり、ストレスのたまる状況であったこと（ストレスの問題については9章でも扱います）、操縦室が暗すぎたことなどがあげられます。また、曖昧な情報が多かったために、レーダー画面から読み取れる状況の判断が困難でもありました。しかしもっとも重要なのは、見落としてはならない情報と惑わされてはならない情報を選択するべきであったという点です。乗組員の中には、はじめからこの航空機を軍用機と信じきっていた者もおり、新たに入ってくる情報はことごとく遮断していました。また、軍用機が自国の領空を侵犯してきた場合に備え軍事演習を繰り返していました。これが頭に刻み込まれていた乗組員は、民間機であることを示す証拠を見過ごし、軍用機であるとの確証を補強する情報だけに注目して、シナリオどおりに実行してしまったのです。こうしたいくつもの要因が重なって判断を誤ったわけです。

ポイント

- 情報を提供しさえすれば必ず注目してもらえると期待してはなりません。
- 思い込みは禁物です。デザインした本人には自明のことでも、ユーザーはわかっていない可能性があります。
- 情報の受け手が情報を取捨選択していると思われる場合は、注目してもらいたい重要部分に、色、大きな文字、アニメ、動画、音声などを使いましょう。
- ある情報に注目してもらいたい場合は、自分で必要だと思う提示方法よりもはるかに目立つ方法で強調しましょう。

042
熟練の技は無意識に駆使できる

　筆者の子どもはある年齢に達したところでスズキ・メソードの音楽教室に通うようになりました。息子はバイオリンを、娘はピアノを習いました。あるとき娘のピアノの発表会を聴きに行ったのですが、終わったあとで娘に聞いてみたのです。

「楽譜を見ないでソナタを弾いてるとき何を考えてるの？　強弱のこと？　たとえばここは強くとか、ここは弱くとか。それとも次に弾く音符や小節のこと？」
　娘は困った顔で言いました。「何を考えてるかって？　何も考えてなんかいないわ。指が曲を弾いてくれるのを見てるだけよ」
　それを聞いて今度は私が困ってしまい、息子のほうに聞いてみました。「あなたも発表会じゃ、そうやってバイオリンを弾いてるの？　それとも考えながら？」
　すると息子は言いました。「何にも考えてなんかないよ。僕も指が弾いていくのを見てるだけさ」

　スズキ・メソードは反復練習を重視する教育法です。発表会では生徒は楽譜をまったく見ずに演奏します。かなり複雑な楽譜が多いにもかかわらずです。何度も練習した結果、頭で考えなくても演奏できる術が身についているのです。

　技能に熟達して自動的に手が動くようになると、ほとんど何も意識せずに演奏できます。完全に自動化してしまうと、複数の作業の同時処理（マルチタスク）も可能かもしれません（ここで断言を避けたのは、#046で見るように厳密な意味ではマルチタスクというものは存在しないからです）。

単純な操作の繰り返しが多すぎると誤りにつながる

　ひとつの項目を削除するのに、いくつかの操作を連続して行わなければならないアプリケーションを使ったことはありませんか？　まず削除したい項目をクリック。次に削除ボタンをクリック。そして、確認のためのウィンドウが表示されるので「はい」をクリックしてやっとひとつの項目を削除できるといった具合です。25個の項目を削除したいと思ったら、この一連の操作を25回繰り返さなくてはなりません。そこで、もっとも効率的な位置にマウスを置いてクリックを始めます。何度かクリックを繰り返しているうちに、何をやっているのか考えもせずにクリックしてしまうようになります。こんな状況では、削除するつもりのないものまで削除してしまいかねません。

ポイント
- 一連の手順を何度も繰り返していると、自動的にできるようになるものです。
- 一連の作業を繰り返してもらう場合は簡単なものにしてあげましょう。ただし、作業をする人は注意を払わなくなるためにミスが多くなることも覚悟しておきましょう。
- 直前の操作も過去の全操作も簡単にやり直しがきくデザインにしましょう。
- ユーザーが何度も同じ操作をしなくて済むよう、対象項目をすべて選択して一括操作できるデザインにしましょう。

043
ある事態に対する注意力は頻発が予想されるか否かで決まる

　2010年、テキサス州ヒューストンの会社員ファリッド・セイフ氏が、ノートパソコンのカバンに拳銃を入れたまま地元の空港から飛行機に搭乗するという事件がありました。なぜか所持品検査を問題なく通過していたのです。セイフ氏はテロリストではありません。テキサス州では銃の所持は合法であり、搭乗前にカバンから出し忘れていただけなのです。

　空港の所持品検査では拳銃が検知されませんでした。通常、拳銃であればX線検査装置のモニタ画面を監視している保安検査員が容易に気づくはずですが、このときは誰も気づかなかったのです。

　アメリカの国土安全保障省は拳銃、爆発物、その他の輸送禁止品を携帯した覆面捜査員を定期的に送り込み、抜き打ち検査を実施しています。その結果は公表されていませんが、見落とし率は70％にのぼると推定されています。つまり、セイフ氏と同様、見とがめられるべき危険物を携帯した多くの覆面捜査員が、所持品検査を通過してしまっているというわけです。

　なぜこうしたことが起こるのでしょうか？　保安検査員は特大サイズの化粧品には気づくのに、なぜ拳銃を見落とすのでしょうか？

⭐ ファリッド・セイフ氏の件の動画

セイフ氏の一件はABCニュースの動画で見られます。
　　http://abcnews.go.com/Blotter/loaded-gun-slips-past-tsa-screeners/story?id=12412458

事態の発生頻度に関するメンタルモデル

　保安検査員が拳銃や爆発物を見逃す一因として、現場ではこうしたものに頻繁には遭遇しないということがあげられます。保安検査員は搭乗者を監視し、X線装置のモニタ画面をチェックしながら何時間も業務をこなします。そうするうちに、特定の違反がどれくらいの頻度で生じるかを予測するようになるのです。たとえば化粧品の容器や爪切りを目にすることはしょっちゅうでしょうから、そうしたものがあるはずだと予測して捜査の目を向けるわけです。これに対し、拳銃や爆発物などに出くわすことは稀でしょう。保安検査員はこうしたものにどれくらいの頻度で遭遇するかメンタルモデル（3章の#031参照）を構築しており、これに従って無意識に警戒を強めたり弱めたりするのです。

アンドリュー・ベレンケスによれば、ある出来事が特定の頻度で起こると予想している場合、実際にその出来事が起こる頻度が予想と異なると見落としが多くなることがわかっています [Bellenkes 1997]。「事態の発生頻度についてメンタルモデルが構築されており、これに従って注意の目が向けられるから」という理由が考えられています。

➡ 稀にしか起きない重大事の発生時には警告を

筆者は一日何時間もノートパソコンを使いますが、たいていは電源に接続しています。しかし時々接続し忘れてバッテリがなくなりそうになることがあります。画面右上にはバッテリ残量が表示されているのですが、在宅中は電源に接続しているものと思い込んでいますからその表示にも気づきません。

バッテリの残量が約8%に達すると、やっと警告のメッセージが表示されます。これは稀にしか起きない重大事が発生した場合に警告する例だと言えます（ただ、もっと早い段階で警告してくれるようなオプションを付けてほしいところです。今の設定では、警告されたときにはもうバッテリ切れ寸前で、あわてて電源プラグを探したりファイルを保存したりしなければなりません）。

ポイント

- ある事態がどれくらいの頻度で発生するか、人は無意識にメンタルモデルを構築しています。
- 皆さんのアプリケーションなどに、非常事態の発生を警告する機能を付ける場合は、ユーザーがすぐに気づくわかりやすい警告にしましょう。

044
注意力の持続時間は
10分が限度である

　皆さんは会議に出席しているとしましょう。発表者が会議終了15分前に売上高について話し始めました。果たして皆さんはどれくらいの間注意をそらさず聞いていられるでしょうか？　売上高に関心がある人がプレゼンテーションが上手な人の話を聞けば、長くて7〜10分は集中して聞いていられます。一方、聞き手が売上高に関心のない場合やプレゼンテーションがことのほか退屈な場合は、はるかに短い時間で興味を失くしてしまうでしょう。これをグラフで表すと図44-1のようになります。

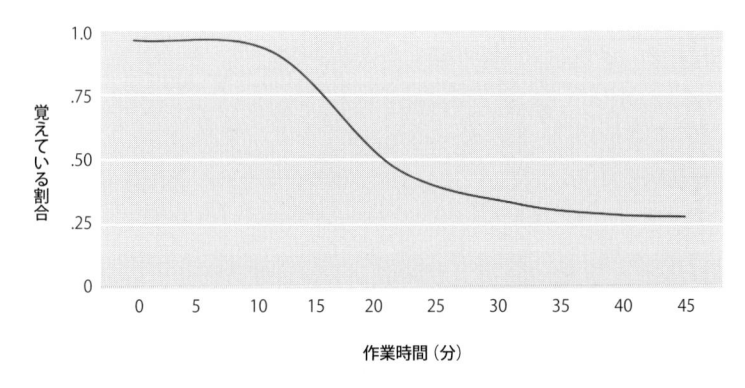

図44-1　注意力の持続時間は10分が限度

　短い休憩を入れると、仕切り直してまた7〜10分集中することができるものです。ただし、どんな仕事でも集中できるのはあくまで7〜10分が限度なのです。

　ウェブサイトをデザインする場合、サイトを覗いてもらえる時間は7分にも満たないわずかな時間だと想定しているでしょう。サイトを訪問した人がリンクを探しクリックするという流れを踏まえているはずです。一方、サイト上で音声再生や動画を使うこともあるでしょう。こうしたメディアの時間についても「7〜10分以内」というルールを守らなければなりません。ただし著名人の講演の様子を公開しているTED動画（http://www.ted.com/）の配信時間は通常20分間、と制限時間を超えています（TED動画に登場する講演者は世界有数の著名人であるため、延長が許容されるのかもしれません）。ソフトウェアのトレーニングビデオを流しているLinda.comはチュートリアルの配信時間を10分以内にうまく収めています。

ポイント
- 人の注意力は長くても7〜10分しか持続しないものと認識しておきましょう。
- 7〜10分またはそれ以上集中しなければならないときは、新しい情報に触れてみたり休憩を入れてみたりしましょう。
- ウェブ上で視聴映像やチュートリアルを提供する場合は7分以内にしましょう。

045
人は「顕著な手がかり」にしか注目しない

　図45-1を見てください。アメリカの1セントです。どれが本物でしょうか。ズルをしてはいけませんよ。まずは自分で当ててみてください。本物の硬貨を見て確かめるならそれからです。

図45-1　本物の1セント硬貨はどれ？

　アメリカに住み、日頃1セント硬貨を使っている人なら、しょっちゅう目にしているでしょうが、それでも硬貨の色や大きさといった特徴にしか注意を払わないはずです。こうした特徴を心理学では「顕著な手がかり」と呼んでいます。人は目の前の「やるべきこと」を済ませるのに必要な事物にしか注意を向けないものです。1セント硬貨には細かな特徴や情報が山ほどありますが、たいていの人にとっての「顕著な手がかり」はその色と大きさなのです。コインの収集家となると、また話は違ってきます。収集家にとっての「顕著な手がかり」は製造年度、刻印されている文字や図柄などではないでしょうか。

　1章で見たように、人がある物に視線を向けているからといって本当にそれを見ているとはかぎりません。同様に、私たちは毎日、視覚、聴覚、味覚、触覚を介してさまざまな物事を経験していますが、そのすべてに注意を払っているわけではありません。自分の情報処理能力に限界があることを無意識に自覚しているため、本当に注目すべきものと見過ごしてよいものを脳が分別しているのです。

　さて、どれが本物の1セントでしょうか。答えは「A」です。

ポイント
- 皆さんが作ったウェブページやソフトウェアのユーザーにとって何が「顕著な手がかり」となるかを見きわめましょう。
- 「顕著な手がかり」が目立つデザインを心がけましょう。
- 人は多くの場合「顕著な手がかり」にしか注目しないことを理解しておきましょう。

046
マルチタスクは事実上不可能

　自分では複数の作業の同時処理（マルチタスク）ができていると思い込んでいる人は多いようですが、実際には不可能であることが研究で立証されています（ただし、ひとつだけ例外が考えられます。これについては少し先で触れます）。

　心理学の世界で長年にわたって行われてきた研究により、「人が一度に処理できる仕事はひとつだけ」だということがわかっています。一度に考えられることはひとつだけ。また、一度にできる知的活動もひとつだけです。たとえば「話す」か「読む」のどちらか一方、「読む」か「キーを叩く」のどちらか一方、「聞く」か「読む」のどちらか一方といった具合に、一度にひとつのことしかできないのです。素早い切り替えはお手のものですから、「マルチタスク」ができていると思い込んでいる人が多いのですが、実際はできていません。

例外

　ただ、例外がひとつあり得ることが研究の結果わかっています。ごく頻繁に行ってきたため非常に得意になった肉体的な作業がある場合、その作業を行いながら同時に知的な作業をすることが可能なのです。たとえば大人であれば、たいていの人は「歩く」という動作を習得していますから、歩きながらおしゃべりができるわけです。ただ、それもいつもうまくいくわけではありません。アイラ・ハイマンの実験で、携帯電話で話しながら歩いていると人にぶつかりやすくなり、周囲のものにも気づかないことがある、という結果が出たのです [Hyman 2009]。ピエロの格好をして一輪車に乗っている人とすれ違ったことに気づくかどうかを調べたのですが、携帯電話で話していた被験者は対照群に比べてピエロに気づく率、覚えている率がはるかに低くなりました。

▶ 携帯電話で通話中の運転では注意力が散漫に

現在では米国の多くの地域で携帯電話による通話中の運転が違法とされていますが、ハンズフリー（携帯電話を手に持たずイヤホンとマイクで通話できる装置）の使用は認められています。しかしこの法律はよくありません。問題なのは携帯電話で片手がふさがることではなく、通話中という状況そのものなのです。通話中は相手との会話に注意が向けられるため、運転に集中できません。ハンズフリー通話でも注意散漫にはなるのです。

➡ 2人の話し声より、携帯電話で通話中の声のほうが邪魔

携帯電話で話している人の声が聞こえてくるときには、電話の相手が何を言うのか予測がつかないため、会話内容を想像し補完しようと脳が余計に働くことになり、気が散りやすくなります。ローレン・エンバーソンは被験者にさまざまな知的作業をさせ、その横で携帯電話での通話内容を流してみました [Emberson 2010]。すると通話者の話も、その相手の話も聞き取れるようにした場合のほうが、通話者の話だけしか聞き取れない場合よりはるかに作業効率が上がりました。通話者の声も相手の声も、音質などの音響特性は統一してあったので、こうした違いが出た原因は「相手の話が予測できないこと」であるとエンバーソンは結論づけました。被験者は聞こえないほうの話の内容が気になって作業に集中できなかったというわけです。

マルチタスクに対する習慣や年齢の影響は？

　エイアル・オーファーとクリフォード・ナスが大学生を対象にして行った一連の実験で、大学生だからといってマルチタスクの能力が一般の人よりよいわけではない、ということがわかりました [Ophir 2009]。まず普段テレビ、ラジオ、ネット、携帯電話などのメディアを何種類同時利用しているかをアンケートで尋ね、複数のメディアを同時利用する頻度が非常に高いグループと非常に低いグループを抽出しました。

　その上で、このふたつのグループに数種類の課題をやってもらいました。そのひとつはこんな課題です。「赤い長方形2個」の画面と「4〜6個の青い長方形に囲まれた赤い長方形2個」の画面を用意し、どちらの画面もそれぞれ2回ずつ、ほんの一瞬だけ表示します。被験者は1回目と2回目で赤い長方形の向きが変わったかどうかを判断します（青い長方形は無視するよう指示します）。

　結果は予想とは逆でした。複数のメディアを同時利用する頻度が低いグループが青い長方形を無視できたのに対し、頻度の高いグループはなかなか無視できず、そのため成績がはるかに劣ったのです。続いて行った文字と数字を使った課題も含めて、結果はいつも同じでした。同時利用の頻度が高いグループのほうが、重要でない情報刺激に惑わされて作業効率が低くなってしまったのです。

★ マルチタスクに関する実験の動画

オーファーとナスの実験に関する動画はYouTubeで見られます。
http://www.youtube.com/watch?v=2zuDXzVYZ68

ポイント

- 実際は不可能なのですが、「マルチタスクが可能」と言う人もいます。そう言う人は、おそらくどの作業もうまくこなせていないでしょう。
- 若者だからといって、年配の人よりマルチタスクの能力が優れているわけではありません。
- マルチタスクを人に強要しないこと。パソコンやタブレット型端末のフォームに記入しながら顧客と話すなど、ふたつの作業を同時並行で進めるのは難しいことです。こうしたマルチタスクをどうしてもやってもらわなければならない場合は、入力フォームを使いやすくするなどの配慮が必要です。
- やむなくマルチタスクをしてもらう場合は、ミスの多発を覚悟し、あとで修正する方法を組み込んでおきましょう。
- 携帯電話で通話をしながらの運転は酒気帯び運転のようなものです。

047
危険、食べ物、セックス、動き、人の顔、物語は注意を引きやすい

人の注意を引きやすいものをあげてみましょう。

- 動くもの（動画や点滅するもの）
- 人の顔（特にこちらをまっすぐ見ている顔）の写真
- 食べ物やセックスの写真、危険にまつわる写真
- 物語
- 大きな音（#048で解説します）

食べ物、セックス、危険に注目せずにはいられない理由
　事故現場の横を通り過ぎるときには、どうしてみんなのろのろ運転になるんだろう？ こう思ったことはありませんか？　恐ろしい現場に目が釘づけになっている人には眉をひそめるくせに、自分も運転しながらチラチラ見ていた、なんてことはないですか？ しかし皆さんが悪いわけではありません。皆さんのみならず人間なら誰でも危険な場面を見ずにはいられないのです。「古い脳」が注目しろと促しているからです。

3つの部分からできている人間の脳
　拙著 "Neuro Web Design: What Makes Them Click ?" でも触れましたが、人間の脳は全体がひとつのまとまりではなく、大きく3つの部分から成り立っています。もっとも外側の「新しい脳」である「大脳皮質」は知覚、推理、論理的思考をつかさどる部分で、その働きは私たちにとってもいちばん馴染みの深いものでしょう。「真ん中の脳」の「大脳辺縁系」は感情をつかさどる部分、もっとも奥にある「古い脳」の「脳幹」は生命維持に深く関与している部分です。進化の観点から見て最初に発達した部分が脳幹です。現に脳幹は爬虫類の脳と酷似しており、これこそ脳幹が「爬虫類脳」とも呼ばれる理由なのです。

「食べられるか？」「セックスできる相手か？」「おれを殺しはしないか？」
　古い脳の役割は、常時周囲に気を配って「これは食べられるか？」「セックスできる相手か？」「こいつ、おれを殺しはしないか？」の3つの問いに答えを出すことです。「古い脳」の関心事はこの3つに限られると言ってもよいでしょう（図47-1参照）。考えてみると、これは大事な問題です。食べ物がなければ死んでしまいますし、セックスしなけれ

ば種の維持ができません。殺されてしまえば前のふたつの問いなど無意味になってしまいます。このように、動物の脳はまずこの3つを差し迫った問題として処理するよう発達しました。進化を遂げるにつれて、感情や論理的思考といった他の能力も発達してきましたが、脳の古い部分は相変わらず生存に不可欠な3つの問題を処理しようと常に周囲に気を配っています。

図47-1 「古い脳」は食べ物を見ずにはいられない（撮影：ガスリー・ワインチェンク）

だからついつい見てしまう

　つまり、どんなに見ないよう頑張ったところで、食べ物やセックスや危険にはついつい目が行ってしまうということなのです。「古い脳」のせいです。しかし目が行ってしまったからといって、必ずしも何かしなければならないわけではありません。たとえばチョコレートケーキが目に入ったからといって、別に食べなくてもよいわけです。部屋に魅力的な女性が入ってきたからといって手を出す必要はありませんし、そのあとから強面の男が入ってきても逃げ出さなくてもよいのです。ただ、好むと好まざるとにかかわらず、こうしたものには目が行ってしまうのです。

★ 人の顔写真には目が釘づけになる

人間の脳は、人の顔に注意が向くようにできています。顔の解析処理をつかさどる脳の領域については1章で詳しく解説しました。

ポイント

- 食べ物やセックス、危険に関することを扱うのが好ましくないウェブページやアプリケーションもあるでしょうが、そうした事柄を扱えばかなり注目を集められるでしょう。
- 顔のアップの写真を使いましょう。
- 事実に関する情報と思われることも、できるかぎり物語仕立てにしましょう。

048
大きな音には驚いて注目する

　さまざまな警告音をどういう状況で用いたらよいかを**表48-1**にまとめました。音で注意を喚起したい場合、参考にしてください（B・H・デサレージの論文［Deatherage 1972］より引用）。

表48-1　注意を喚起するための音

音の種類	音の大きさ	効果
霧笛	非常に大きい	有効（周波数の低い雑音が多ければ無効）
クラクション	大きい	有効
警笛	大きい	有効（断続的に鳴らしたときのみ）
サイレン	大きい	有効（ピッチに高低をつけたとき）
ベル	中程度	有効（周波数の低い雑音が多いとき）
ブザー	小さい〜中程度	有効
チャイムやゴング	小さい〜中程度	ある程度有効

刺激には慣れる

　さて、皆さんは掛け時計が1時間ごとに鳴る家に泊まっています。ベッドでまどろみ始めたまさにその時、いまいましい音が鳴り響きました。「こんな家で寝てられるヤツなんているのか？」と小首をかしげる皆さん。しかし家の人はみなぐっすり眠っているではありませんか。時計の音には慣れっこになっているのです。1時間ごとに聞いているので、もう注意を払わないようになってしまったわけです。

　私たちは無意識のうちに絶えず周囲の状況を調べ、危険の有無をチェックしています。ですから、まわりに何か目新しいものや珍しいものがあれば注意が向くわけです。しかしそうした「新しいもの」を示すシグナルを何度もキャッチしていると、そのうち「新しいものではない」と無意識のレベルで判断し、無視し始めるのです。

ポイント

- アプリケーションをデザインする場合、ユーザーが間違いを犯す、目標を達成する、お金を寄付する、といったことをすると音が鳴るようにすることを検討してもよいでしょう。
- 喚起したい注意の度合いに応じて適切に音を用いましょう。そして本当に大事なとき（たとえばハードディスクの初期化といった取り消しのできない操作をしようとしているときなど）には強く注意を促す音を使います。
- 音で注意を喚起する場合、ユーザーがその音に慣れて気にとめなくなってしまわないよう変化をつけることも考えましょう。

049
何かに注意を向けるには まずそれを知覚する必要がある

　何かに注意を向けるには、まず感覚器官によってそれを感知しなければなりません。人間の五感の感度がどの程度のものか、以下に例をあげてみます。

視覚
　真っ暗闇で高いところに立っている場合、50km先のロウソクの炎が見えます。

聴覚
　ごく静かな部屋にいる場合、6mぐらい離れた場所にある時計が時を刻む音が聞こえます。

嗅覚
　8m四方の空間なら香水を一滴落としても匂いがわかります。

触覚
　皮膚の上に髪の毛を1本載せてもその感触がわかります。

味覚
　8リットルの水に砂糖小さじ1杯を溶かしても味がわかります。

信号検出理論

　たとえば腕時計が見つからなくなって、どこに置いたのか思い出そうとしているような場合、その腕時計が半径6m以内の場所にあれば時を刻む音が聞こえるはずです。しかし意識的に腕時計を探しているわけではない場合はどうでしょうか。腕時計のことは頭になく夕飯に何を食べようかなどと考えている場合は？　このようなときには時計の音に気づきもしないでしょう。

　何かに気づくというのは必ずしも単純なことではありません。感覚器官が刺激を感じ取ったからといって、その刺激に注意が向いていることにはならないのです。

感度と反応の偏り(バイアス)

　想像してみてください。ある人が皆さんを車で迎えに来てくれることになっているのですが、その人は約束の時間が過ぎても来ません。皆さんは(本当に聞こえたわけではなくても)エンジン音が近づいてきたと思い込んで、何度もドアに駆け寄ります。

　このように、何かを知覚するか否かは刺激の有無だけで決まるわけではありません。刺激があっても知覚しないこともあれば、刺激がないのに見えたり聞こえたりしたと思

い込むこともあるのです。

　心理学ではこうした現象を「信号検出理論」を使って説明しており、この理論では刺激の有無と知覚との関係を**図49-1**のように4つに分類しています。

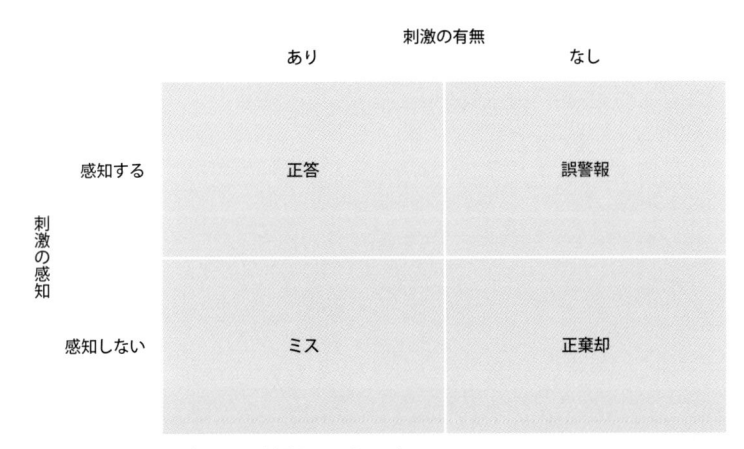

	刺激の有無 あり	刺激の有無 なし
刺激の感知 感知する	正答	誤警報
刺激の感知 感知しない	ミス	正棄却

図49-1 信号検出理論における被験者の反応の分類

　これは単なる概念ではなく、現実に起きている事例に応用されています。たとえば医学画像を毎日何十件も見る放射線科医について考えてみましょう。画像に影が認められるか否か、仮に認められれば、それがガンか否かを見きわめなければなりません。ガンの影ではないのにガンと誤診すれば、患者は不要な外科手術や放射線治療を受けるはめになりかねません。一方、本当にガンがあるのに見落としたりすれば、患者は早期の治療が受けられず死んでしまう恐れもあります。心理学の分野では、こうした「シグナル」が正確に感知しやすくなるような条件を探っています。

信号検出理論の応用

　たとえば、航空管制システムを開発している場合なら、レーダー画面の警告灯の明度や警報の音量を上げるなどして、異常を告げるシグナルを管制官が「ミス」しないようにする必要があります。また、X線検査の結果を表示するシステムを開発している場合なら、「誤警報」を発しないようシグナルはやや抑え気味にする必要があるかもしれません。

ポイント

- 何かを検出するようなシステムをデザインをする場合、図49-1の信号検出理論による分類を参考にしましょう。「誤警報」と「ミス」では、どちらのほうがユーザーの損害が大きいでしょうか。
- 信号検出理論を踏まえて、自分のデザインをどうすべきか考えてみましょう。「誤警報」で起こり得る損害のほうが顕著であればシグナルを抑え気味にし、「ミス」で起こり得る損害のほうが顕著であればシグナルを強めます。

6章 人はどうすればヤル気になるのか

「ヤル気」(モチベーション。心理学では「動機」)に関する最新の研究で、人にヤル気を起こさせることが実証済みとされていた方法にも、効果のないものがあることが明らかにされつつあります。

050
目標に近づくほど「ヤル気」が出る

　近くのコーヒーショップでポイントカードを貰いました。コーヒー1杯につきスタンプを1個押してくれます。カードがスタンプで一杯になると、コーヒー1杯が無料になります。さて、次の2種類のポイントカードを考えてみましょう。

ポイントカードA
　欄が10個あり、最初にカードを貰ったときにスタンプが1個も押されていない。

ポイントカードB
　欄が12個あり、最初にカードを貰ったときにスタンプが2個押してある。

　ここで質問です。無料のコーヒーが飲めるまでにあと何杯コーヒーを注文しなければならないでしょうか？　AとBで違いがあるでしょうか？　もちろん、どちらのケースでも、コーヒーをあと10杯注文しなければなりませんから、AとBで無料コーヒーの獲得までに必要な注文回数には違いがありません。では、もうひとつ質問です。AをもらうかBをもらうかで何か違いがあるでしょうか？
　実は違いがあります。Aのカードよりも、Bのカードを持っている人のほうがスタンプを集めるのが早いのです。「目標勾配」と呼ばれる効果があるからです。
　目標勾配効果は、クラーク・ハルが1934年にラットを使って研究したのが最初で、出口にある餌を目指して迷路を走っているラットを観察し、出口に近づくほど走るのが速くなることを発見しました [Hull 1934]。
　目標勾配効果によって、人は目標に近づくほど行動が早くなるというのです。先ほど取り上げたコーヒー無料券の実験は、クラーク・ハルが報告したラットのふるまいと同じものが人間でも見られるかどうかを調べるために、ラン・キベツが行ったものです [Kivetz 2006]。この実験でも同じ結果が得られたのでしょうか？　結果は「イエス」です。ラン・キベツはポイントカードの実験のほか、ある音楽関連のウェブサイトを使った調査も行いました。そのサイトでの「報酬」の獲得が近づくほど、ウェブサイトの閲覧が頻繁になり、閲覧のたびに楽曲のレート付けをする回数も増えたのです。
　オンラインストレージ「DropBox」のウェブサイト（**図50-1**）では、追加容量という「ボーナス」の獲得に、どれだけ近づいたかを表示してくれます。目標に近づけば近づくほど、到達の条件として残されたステップを実行しようというヤル気（動機付け）が強まります。

図50-1 DropBoxのページでは目標にどれだけ近づいたかをわかりやすく表示する

⭐ 何が終わったかより何が残っているかに注目しがち

ミンジョン・クーとエイレット・フィシュバックは、目標に向かって進むとき、「すでに完了したものに注目する」のと「到達までに残されているものに注目する」のとでは、どちらがより強い動機付けになるか研究しました [Koo 2010]。結果は「残されているものに注目する」ほうで、こちらのほうが、より「ヤル気」が出ました。

ポイント
- 目標に近づけば近づくほど、目標を達成しようという気持ちが強くなります。目標を目前にすると、その気持ちはさらに強まります。
- 前進の幻想を与えるだけでも、この達成への動機付け効果が得られます。コーヒーショップの2個のフリースタンプがその好例です。実際に違いはない（どちらも10杯のコーヒーを注文しなければならない）にもかかわらず、いくらかの前進があったように感じさせるので、本当に前に進んだのと似たような効果があるのです。
- 人はポイントを貯め始めると、それを楽しむようになります。ラン・キベツによれば、ポイントカードを持っている客は持っていない客と比べて笑顔を見せることが多く、店員と話す時間も長く、礼を言うことも多く、チップを置いていくことも多かったそ

うです。
- 目標が達成されるとヤル気（や購入金額）は急速に落ち込みます。これは報酬後初期化と呼ばれる現象です。第二段階の報酬があっても、当初は第二段階の報酬に向けて努力する気にはなりません。
- 報酬を獲得した直後が、顧客が離れていく危険性がもっとも高いときです。

051
報酬に変化があるほうが強力

　20世紀に心理学を専攻したことのある人ならバラス・スキナーの名前と、オペラント条件付けに関する研究を覚えていることでしょう。スキナーは、強化刺激（報酬）の頻度と与え方が、特定の行動の頻度にどう影響するかを調べました。

カジノの知恵

　ラットを入れた籠に棒が付いています。ラットが棒を押すと餌がもらえます。この餌のことを「強化刺激」と呼びます。ここで、棒を押しても必ず餌がもらえるとはかぎらない設定にしたらどうなるでしょうか。スキナーはさまざまな設定を試し、餌を与える頻度と、餌を経過時間に基づいて与えるか、棒を押した回数に応じて与えるかで、ラットが棒を押す頻度が変わることを発見しました。以下がその概略です。

間隔による設定（間隔スケジュール）
　一定の時間（たとえば5分）が経過すると餌が与えられるようにします。ラットは5分以上経過して最初に棒を押したときに餌がもらえます。

回数による設定（比率スケジュール）
　時間を基準に強化刺激を与えるのではなく、棒を押した回数により餌を与えます。ラットは棒を10回押すごとに餌をもらえます。

　さらに、これにちょっとした工夫を加えます。両方の設定に、固定条件のものと変動条件のものを用意するのです。固定条件では、間隔や比率（回数）は常に同一とします。上の例では5分または10回です。変動条件では時間や比率を変化させ、平均が固定条件と等しくなるようにします。たとえば強化刺激を2分後や8分後に与えますが、間隔の平均は5分になるといった具合です。

　したがって、すべてを合わせると4つの設定が可能になります。

固定間隔
　強化刺激は時間を基準として与えられ、時間間隔は常に一定です。

変動間隔
　強化刺激は時間を基準として与えられます。時間間隔は変動しますが、間隔の平均値は固定の場合と同じです。

固定比率

強化刺激は棒を押した回数を基準として与えられ、何回に1回与えるかの比率は常に一定です。

変動比率

強化刺激は棒を押した回数を基準として与えられます。与える比率は変動しますが、比率の平均値は固定の場合と同じです。

研究の結果、ラットの行動は（そして人の行動も）どの設定を使った場合も予測可能であることがわかりました。**図**51-1は、設定によりどのような行動をとるかの概略を表した図です。

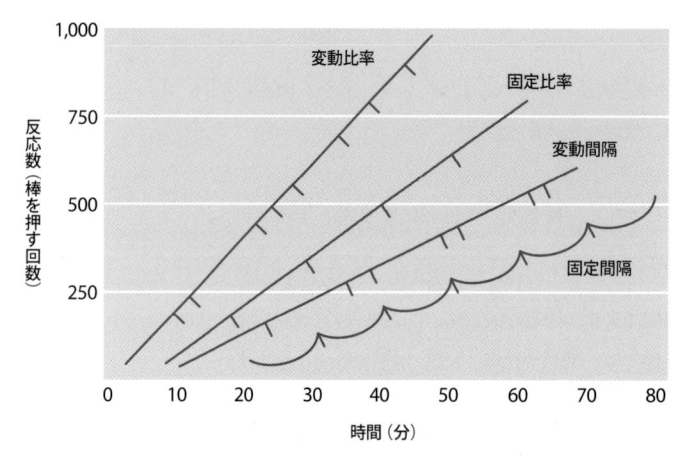

図51-1 オペラント条件付けにおける強化刺激の投与設定

このように強化刺激（報酬）の与え方が決まれば、人がどのくらいの頻度で特定の行動をとるかが予測できます。グラフにあるように、もっとも高い頻度で反応が返ってくることを望むならば、変動比率スケジュール（何回に1回報酬を与えるかを変動させる設定）を用いればよいということになります。

ラスベガスに行ったことのある人は変動比率スケジュールが実際に使われているところを目にしたことになります。客はスロットマシンにお金を投入し、ボタンを押します。自分では勝つ頻度はわかりません。報酬は時間によって得られるのではなく、遊んだ回

数によって得られます。そして固定条件ではなく変動条件です。予測は不可能なのです。自分がいつ勝てるのかはわかりませんが、賭ける回数が増えれば増えるほど大儲けのチャンスは高くなります（もちろん、それに必要なお金も増え続けますが）。ですから客は何度も金を投入し、カジノは収入がますます増えるというわけです。

オペラント条件付けの人気

1960年代から1970年代にかけて、オペラント条件付けは世界中の多くの大学の心理学科で中心的な位置を占める学説でした。しかし、ほかの視点に立つ心理学者（たとえば認知心理学や社会心理学など）の間では否定的な意見が多く、その後オペラント条件付けは支持を失っていきました。ほかの学習理論や動機付け理論のほうに人気が集まり、現在では、大学の「心理学入門」の授業で1時間授業があるかどうか、教科書でも2、3ページを割かれているかどうかといった状況です。実は、筆者は大学で（学部生のとき）オペラント条件付けについて詳しく勉強して、この理論が大好きなのです。オペラント条件付けだけですべての行動や動機付けが説明できるとは考えていませんが、この理論は十分な検証がなされ、また有効な理論であると強く感じています。筆者はマネジメントにも、授業にも、子どもを育てる際にも、この理論を応用しています。

オペラント理論とデザイン

オペラント条件付けとデザインはどう関係しているのでしょうか。じっくり考えてみましょう。デザイナーなら人にある行動をさせ続けたいと思ったことが何度もあるはずです。オペラント条件付けが働いているのに、人はそれに気づきません。この章の始めに触れたラン・キベツの研究の例であげたポイントカードは定率条件の一例なのです。コーヒーを10杯注文すると（棒を10回押すと）無料のコーヒーが1杯もらえるのです。

Dropbox.comでは、誘った友だちがDropBoxを導入するたびに追加の容量がもらえます（図51-2）。これは「連続強化」と呼ばれる設定法です。スキナーの研究に従えば、友人3人ごとや5人ごとに報酬を増量したほうがDropBoxの得る「報酬」は増えると推測されます。連続強化（行動が起きるたびに刺激が与えられる方法）よりも定率強化（決まった反応数に対して刺激が与えられる方法）のほうが有効というわけです。

図51-2　友人がDropBoxを採用するたびに報酬が得られる

ポイント

- オペラント条件付けが機能するためには、強化刺激（報酬）として、対象とする人が欲しがるものを選択しなければなりません。空腹なラットなら餌を欲しがりますが、対象としているユーザーが本当に欲しいものは何かを見きわめる必要があります。
- 皆さんがユーザーに求める行動パターンとは、どのようなものでしょうか。そのパターンに合わせて強化スケジュールを組み立てましょう。行動の反復を最大限に引き出そうとするなら変動比率スケジュールを用います。

052 ドーパミンが情報探索中毒を招く

　気がつくとツイッターの「タイムライン」ばかり覗いている。受信ボックスにメッセージがあるのを見たら、それを無視できない。何かの情報を探すためにGoogleにアクセスし、ふと気がつくと30分が過ぎ、初め探していたのとまったく違うものを読み、リンクをたどり、検索している。こういったことはすべてドーパミンのなせる業です。

　スウェーデン国立心臓研究所のアルビド・カールソンとニルスオーケ・ヒッラルプが1958年に発見して以来、神経生理学者はドーパミンの研究を続けています。ドーパミンは脳内のさまざまな場所で作られており、思考、運動、睡眠、気分、注意、動機、探索、報酬など、脳の機能に対して非常に重要な役割を果たしています。

ドーパミンは快楽物質か欲求物質か

　皆さんもドーパミンは人に喜びを感じさせる脳の「快楽」システムをコントロールしているという説は聞いたことがあるかもしれません。しかし最近の研究によれば、ドーパミンの効果は喜びを感じさせることではなく、何かを欲したり、望んだり、探求したり、探したりさせることであることがわかりました。ドーパミンは覚醒、意欲、目標指向行動などのレベルを全体的に上昇させます。これには、食物や異性など肉体的、物質的要求に関するものだけでなく、抽象的な概念に関することも含まれます。抽象的な概念やアイデアについても好奇心旺盛となり、情報探究心をあおります。最新の研究によれば、快楽に関係しているのはドーパミンよりオピオイドです。

　ケント・バーリッジによると、このふたつの系——欲求系（ドーパミンシステム）と快感系（オピオイドシステム）は相補的に働きます [Berridge 1998]。欲求系により特定の行動に駆り立てられ、快感系が満足を感じさせてくれるので、追求行動を休止します。もし追求行動が止まらないことになれば、終わりのない堂々巡りに陥ってしまいます。ドーパミンシステムはオピオイドシステムより強力です。満足よりも欲求のほうが強いのです。

➡ 生命維持のために進化したドーパミン

ドーパミンは人類の進化と深い関係をもっています。原始人が好奇心に駆られて物事や考えを追求するということがなければ、洞窟の中でじっと座っていただけだったでしょう。ドーパミンがかき立てる探究心のおかげで、私たちの祖先は世界中を移動し続けて、知識を貯え、生存競争に勝ち抜いてきたのです。満足感に浸ってじっとしているのでなく、探究心をもっていたおかげで生き残ることができたと言ってもよいのではないでしょうか。

➡ 期待は獲得に勝る

脳の画像解析による研究では、報酬を得たときより報酬を期待しているときのほうが脳の受ける刺激が大きく、また脳の活動も盛んになることがわかっています。ラットを用いた研究では、ドーパミンを放出するニューロンを破壊されたラットは動き回ることも噛んだり飲み込んだりもできますが、餌がすぐ横にあっても餓死してしまいます。食物を取りに行こうという欲望がなくなってしまうのです。

ポイント

- 人は情報を探索し続けようとします。
- 情報を見つけやすくすればするほど、ユーザーは情報探索にのめり込みやすくなります。

053
人は予測ができないと探索を続ける

　予測できない出来事もドーパミンシステムの刺激となります。メールやツイッターなどを介してなどさまざまなメッセージが送られてきますが、こうしたメッセージはいつどこから送られてくるか正確には予測できません。予測不可能なのです。まさにドーパミンシステムを刺激する状況です。賭け事やスロットマシンをしているときと同じシステムが働いているのです。基本的に、メール、ツイッターなどのソーシャルメディアは、#051で紹介した「変動比率スケジュール」で動いています。そのため人は同じ行動を何度も繰り返しやすいのです。

パブロフの条件反射
　ドーパミンシステムは、報酬がもらえそうだという兆候に特に敏感です。何か起こりそうだというちょっとしたものでも手がかりがあれば働き出します。この仕組みは、犬を使って実験したロシア人科学者イワン・パブロフにちなんで「パブロフの条件反射」と呼ばれます。犬が食べ物を見ると、唾液分泌が始まります。パブロフは食べ物を出すときに必ずベルの音も鳴らすようにしました。ベルの音は食べ物とは別の刺激です。犬は食べ物を見るたびにベルの音も聞かされ、食べ物を見たことで唾液を出します。しばらくこれを繰り返すと、犬はベルの音を聞くと唾液を出すようになります。唾液の分泌には食べ物は必要なくなってしまったのです。携帯電話にメールの着信があったときの音とメッセージ（図53-1）、そしてパソコンのメーラーの着信ボックスにメールが到着したときの音や表示（図53-2）は、いずれも刺激と情報探索行動の結合の例で、パブロフの条件反射が起こります —— ドーパミンが放出され、情報探索が開始されるのです。

図53-1　携帯メールの着信メッセージが条件反射を引き起こす

図53-2　未読メッセージの件数表示がドーパミンシステムの持続的活動を引き起こす

140文字のほうが常習癖がつきやすい

　ドーパミンシステムは、情報が少量ずつもたらされるとき、つまり情報への欲求が完全には満たされないときに、もっとも強く活性化されます。短い文章のツイート（最大140文字）はドーパミンシステムを最大限活性化するのに理想的な刺激です（**図53-3**）。

図53-3　短くて頻繁にやってくるツイッターのメッセージは、ドーパミンシステムに対する刺激としては理想的

ドーパミンループ

　インターネット、ツイッター、携帯メールなどのおかげで、探索の欲求はほぼ瞬時に満たされます。誰かと今すぐ話したくなりました。携帯メールを送れば、即座に返信があります。探したい情報ができました。ちょっとGoogleで検索します。友だちが何をしているか知りたくなりました。ツイッターかフェイスブックを覗いてみます。こんな場合、ドーパミンシステムのループに入ってしまった可能性があります。ドーパミンの作用で探索が始まります。探索の結果、目的の情報は得られるのですが、もっと探索したくなるのです。メールを見たり送ったりするのをやめることがどんどん難しくなり、携帯メールの着信はないかと、しょっちゅう携帯を確かめるようになってしまいます。

▶ ドーパミンループの遮断法

　「ドーパミンループ」に陥っているのを何とかやめたいと思う人もいるでしょう。ドーパミンシステムが刺激され続けると、心も体も消耗してしまいます。ドーパミンループから抜け出すには情報探索環境からの離脱が必要です。つまり、コンピュータの電源を切り、携帯電話を目に入らないところに置くのです。ドーパミンループを終結させる強力な方法のひとつは、メッセージやメールが来たことを告げる音やアイコンなどのお知らせ機能を停止することです。

ポイント

- 音などによる通知と情報の到着を結合させると、探索欲求が増強されます。
- 情報を少しだけ与え、さらに情報を得るための手段を提供すると、情報探索行動が増加します。
- 情報の到着が予測不能であるほど、人はその情報の探索にのめり込みます。

054
「内的報酬」のほうが
「外的報酬」よりもヤル気が出る

　たとえば皆さんが美術の先生で、生徒にもっと絵を描くようしむけたいと思っているとします。そこで生徒に「よく描けたで賞」を与えることにしました。目的が生徒たちにもっと絵を描かせることだとすると、賞はどのように与えれば効果的でしょうか。絵を描くたびに与えるのがよいでしょうか。ときどきのほうがよいでしょうか。マーク・レッパー、デビッド・グリーン、リチャード・ニスベットはこの疑問を解決するための実験をしました [Lepper 1973]。まず、子どもたちを以下の3グループに分けます。

- グループ1の子どもたちには「よく描けたで賞」を見せ、この賞を貰うために絵を描くよう頼みました。
- グループ2の子どもたちには絵を描くよう頼みましたが、賞のことには触れませんでした。子どもたちはしばらく絵を描いてから、期待していなかった「よく描けたで賞」をもらいました。
- グループ3は対照群です。研究者は子どもたちに絵を描くよう頼みましたが、賞のことには触れませんでしたし、賞を与えもしませんでした。

　実験の本番は2週間後に行われました。休み時間に、教室に絵の道具を置いたのです。子どもたちには絵について、何の指示もしませんでした。ただ、道具を置いて、使えるようにしただけです（報酬も与えませんでした）。何が起こったでしょうか。グループ2と対照群の子どもたちは休み時間のほとんどを絵を描いて過ごしました。期待した報酬を得たことのあるグループ1の子どもたちは、絵を描く時間がもっとも短くなりました。条件付きの「外的報酬」（前もってきちんと説明されている特定の行動に対する報酬）では、報酬が与えられなくなってしまうとかえってその行動が減少するのです。研究者たちはこの後さらに研究を進め、子どもだけでなく大人も対象として同様の結果を得ています。

★ 目標設定の無意識性

何か目標を達成しようと（意識的に）決意を固めた経験は誰にでもあるでしょうから、目標設定は意識的な過程だと思われがちです。しかし、ラド・カスターズとヘンク・アーツの研究によれば、目標設定の中には無意識的に行われるものがあります [Custers 2010]。無意識の領域で目標が設定され、その目標が時を経て意識的な思考に現れるようになるのです。

金銭的な報酬の約束によるドーパミンの放出

ブライアン・ナットソンは、仕事に対して金銭的な報酬（外的報酬）を約束すると、側坐核内の活動が増加することを発見しました [Knutson 2001]。側坐核は、前脳にある神経細胞の集まりで、コカイン、タバコなど中毒性の嗜好物質を期待した場合に活動する領域です。ドーパミンが放出され、大胆な行動が増加します。しかし、金銭を与えると好ましからざる結果を招くことになります。金銭的報酬に依存するようになり、金銭による誘いがなければ働こうとしなくなるからです。

アルゴリズム的な仕事から発見的な仕事へ

ダニエル・ピンクは著書『モチベーション3.0 ── 持続する「やる気！」をいかに引き出すか』[Pink 2009] の中で、次のようなことを書いています。人のする仕事は、近代までアルゴリズム的なもの、すなわち課題を達成するために一定の手続きに従うものでした。しかし、現代では（先進国の）70%の人が試行錯誤的、発見的な仕事をしています。伝統的な報酬（アメ）と懲罰（ムチ）は外的報酬を基礎としたもので、アルゴリズム的な仕事には非常に効果的ですが、発見的な仕事には向きません。発見的な仕事では、達成感という「内的報酬」が得られるのです。

つながる可能性が人をヤル気にさせる

7章では人がどれほど社会的動物であるか、また社会的動物であることが人々の予想や行動にどのような影響をもたらしているかを説明します。社会を構成できる、つまり人々とつながる機会を得られるということも、強力なヤル気の源になります。人は他人とつながるというだけで、その製品を使う気になるものなのです。

ポイント

- お金でも何でも、外的報酬が報酬としてもっとも優れていると思ってはなりません。
- 外的報酬ではなく内的報酬がないか探してみましょう。
- 外的報酬を与える場合、予期しないものであるほうがヤル気を起こさせます。
- 皆さんがデザインしている製品が人々を結びつけるものであれば、皆がそれを使おうという気になるでしょう。

055
進歩や熟達によりヤル気が出る

　なぜ人はWikipediaのために自分の時間を使い、創造的な仕事を無償で提供するのでしょう。ソフトウェア業界のオープンソース運動も同様です。ちょっと考えてみるだけで気がつくことですが、非常に高度な専門的知識や技術を必要とするのに金銭的利益がなく、ややもすればキャリアにもならないような活動に人々が従事し、それも長期にわたって深くかかわっている事例が数多くあります。人は自分が進歩していると感じることを好みます。新しい知識や技術を学び、習得していると感じることに喜びを見出すのです。

小さな進歩の証でも大きな効果

　何かを習得したいという気持ちが、ヤル気を引き出す効果は非常に大きいので、小さな進歩の証であっても、課題の次の段階へ進もうという気にさせる効果は大きいかもしれません。リンクトイン（LinkedIn）では、プロフィール情報について、ユーザーがどこまで入力したかを表示していますが、これは入力をすべて完成するよう促す効果があります（図55-1）。

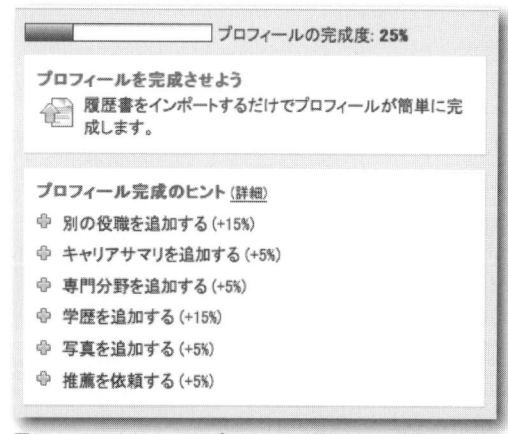

図55-1　リンクトインではプロフィール情報の入力状況を表示する

　MailChimpではメールマガジン（このサイトでは「Campaign」と呼んでいます）を作成する場合、完了まで何ステップ残っているかを表示します（図55-2）。

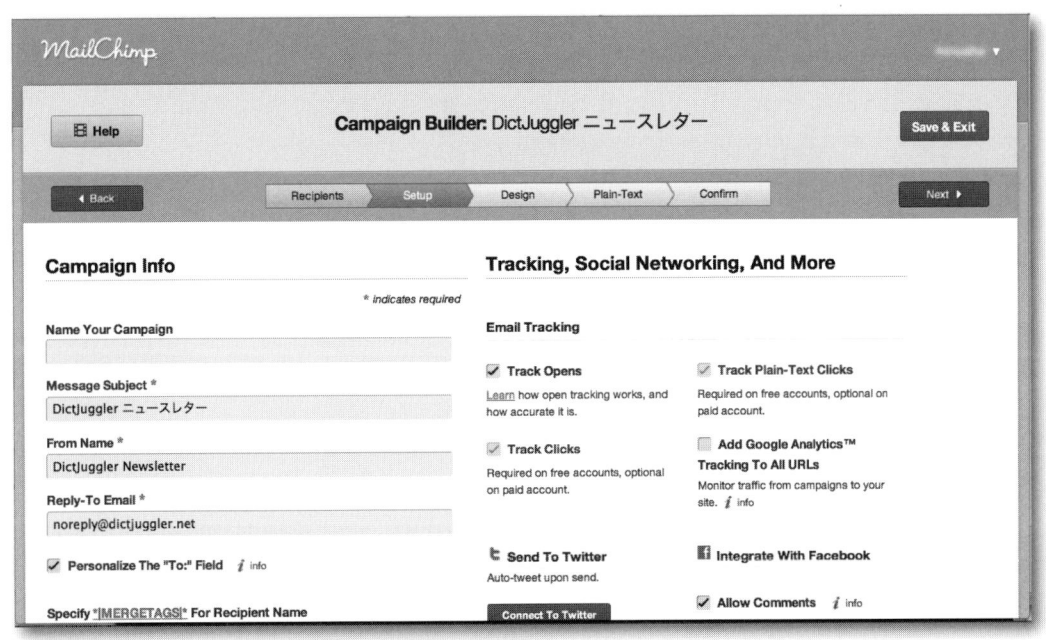

図55-2　MailChimpではメールマガジン発行までの進捗状況が表示される

　外国語学習サイトLivemochaには、習得や進歩の状況を示す画面が何種類かあります。

- コースのどこにいるか、レッスンのどこをやっているか、全体でどれだけ進歩したかなどをひと目で見ることができます（図55-3）。
- 自分が知っている言語をほかの人が学習するのを助けた場合だけでなく、練習を終了しただけでもポイントがもらえます。

　Livemochaにログインするたびに、進捗状況を表示するダッシュボードが現れます（図55-4）。

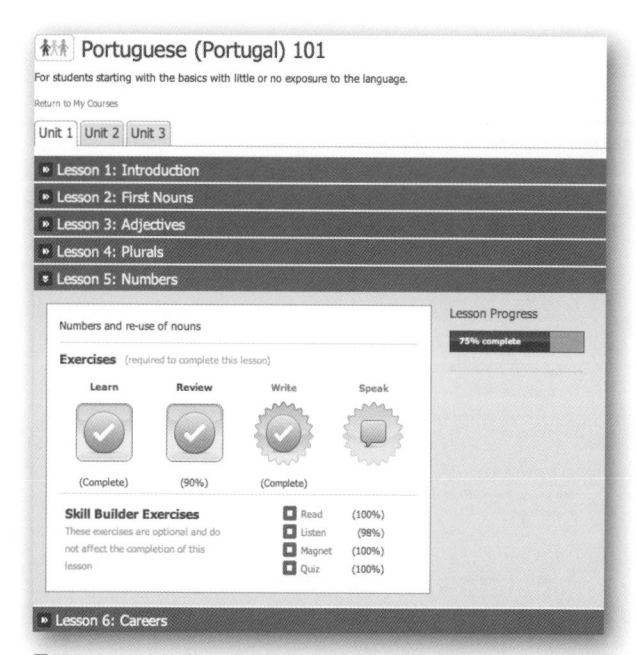

図55-3　Livemocha（www.livemocha.com）では学習の進捗状況がひと目でわかる（Livemocha提供）

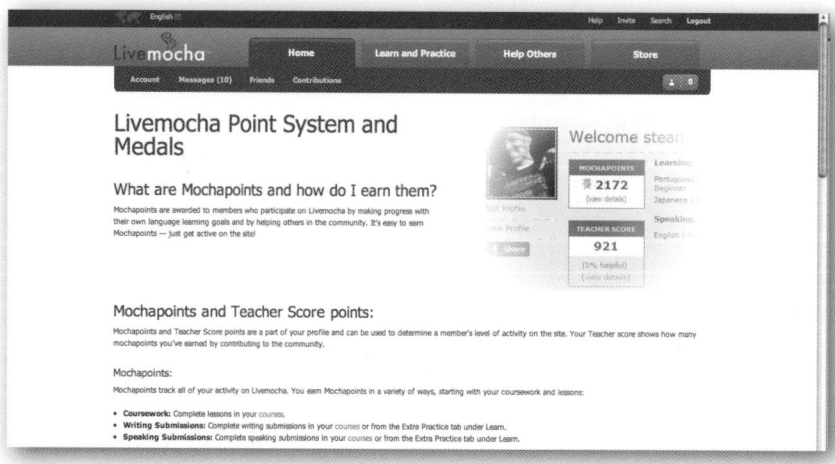

図55-4　Livemochaではユーザーが先に進む気を起こすよう、ダッシュボードを表示する

➡️ 「完全な熟達」には決して到達できない

ダニエル・ピンクは著書『モチベーション3.0』[Pink 2009] で、完全な熟達の域には近づくことはできても決して到達できないと述べています。図55-5は、この「絶えず近づいているが決して到達しない」状態をグラフに表しています。グラフの曲線が漸近線にかぎりなく近づく（向上する）ことはできるのですが、接することはありません。熟達への願望が抗し難い動機になる理由のひとつです。

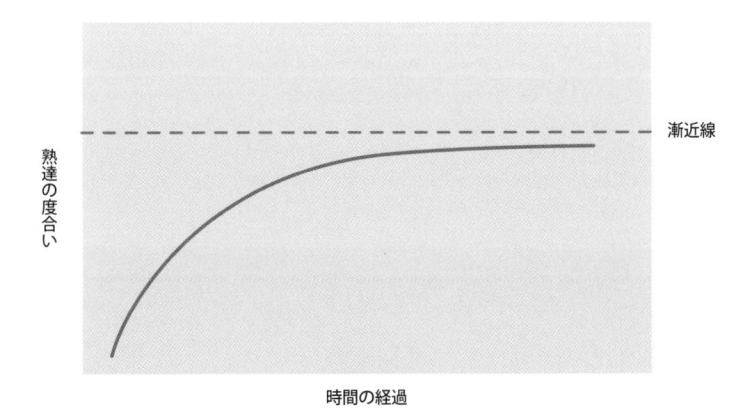

図55-5　ダニエル・ピンクによれば、完全な熟達の域は「漸近線」であり、決して到達することができない

⭐ ダニエル・ピンクの考えを動画で見てみましょう

ダニエル・ピンクは『モチベーション3.0』で述べている考えを動画で公開しています。

　　http://www.youtube.com/watch?v=u6XAPnuFjJc（英語のみ）

ポイント

- 顧客の定着を狙い、リピーターが増えることを目指すなら（たとえば自社のウェブサイトを繰り返し訪れる人を増やしたいのであれば）、単に報酬が与えられるような仕組みではなく、人々が本能的にやりたいと思うことをさせる仕組み、たとえば友だちとつながる、新しいことを習得するといったものを用意する必要があります。
- 退屈な作業を行わなければならない場合、その作業が退屈であることを認め、好きなやり方で行うのを許すことでヤル気を削ぐのを防げます。
- ユーザーが目標を設定し、達成の経過を追えるような仕組みを考えましょう。
- ユーザーには、目標に向かって進んでいることを目に見える形で提示しましょう。

056
欲しいものが我慢できるかどうかは幼少期に決まる

　皆さんが電子ブックリーダーを買いたいと思っているとしましょう。「新しいのが出そうだからちょっと待ったほうがいいかも」「年内に安くなるかしばらく様子を見よう」「まずはクレジットカードの支払い残高をゼロにしてからにしよう」などと考えて当座は買うのをやめる人も多いでしょう。しばらく待つタイプですか？　それともすぐに飛びついてしまうタイプでしょうか？

　欲しいものが我慢できる人、できない人、いずれも幼少期にすでにそうした傾向があった可能性が高いのです。

　ウォルター・ミシェルは1960年代後半から1970年代初頭にかけて、満足遅延耐性（自分に満足を与えてくれる出来事を遅延することに耐える能力）に関する一連の実験を就学前の児童を対象に行い、数年後に被験者を追跡調査しました。その結果、実験で遅延できた被験者のほうが十代の時点で学校の成績がよく、SAT（米国の大学進学適性試験）でもより高いスコアを獲得しており、ストレスや欲求不満への耐性が高いことが判明しました。追跡調査は被験者が成人期に達しても行われましたが、やはり違いが見られました。一方、就学前に遅延できなかった被験者は、成人になって薬物の乱用などの問題を起こす傾向が強いことがわかりました［Mischel 2010］。

★ ウォルター・ミシェルの実験の動画

マシュマロテストと呼ばれるウォルター・ミシェルの実験を再現した動画があります。
　http://www.youtube.com/watch?v=6EjJsPylEOY
この実験では、子どもの目の前にマシュマロを置いて大人が席を離れます──「私が戻ってくるまで食べずに待っていれば、もうひとつあげるわ。それまでに食べちゃったら、この1個だけで終わりよ」

　カリフォルニア大学バークレー校のオズレム・エイダックは、ウォルター・ミシェルの実験に参加した被験者の脳画像をfMRIで撮影し、満足を遅延しているときに脳のどの領域が活性化しているかを確認しようとしています。残念ながら、この研究結果は今のところ公表されていないようです。

ポイント
- 満足を遅延できる人とできない人（欲しいものを我慢できる人とできない人）がいます。
- 満足の遅延が苦手な人は、物の希少性を示す情報（「残りは3個だけです！」「今月末までしか手に入りません！」など）に触れるとすぐ手を出してしまいがちです。

057
人は本来怠惰な生き物である

「人は本来怠惰な生き物である」とは少し大げさな言い方かもしれません。しかし研究の結果によると、人はある仕事を完成させるのに必要な作業量を、最小限に抑える傾向があることがわかっています。

「怠惰」と「効率的」は同義語か?

人は長い進化の過程で、エネルギーを節約すれば健康で長生きできるということを体得してきました。生きていくのに十分な糧（食べ物、水、性的相手、住まいなど）を得るためならエネルギーを十分に使いたいと思うものですが、それ以外のものを手に入れるために駆けずりまわって多くの時間を費やすのはエネルギーの無駄使いというわけです。もっとも、十分な糧とはどれくらいか、手元にストックはまだ十分あるのか、ストックはいつまでもつのか、といった悩ましい問題はありますが、そうした問題はさておき、人は日々の活動の大半を「満足化」という行動原理に基づいて行っているのです。

満足化

ハーバート・サイモンは「満足化[†]」という概念を提唱したことで知られています。「人は『最良のもの』より『大体満足のいくもの』を選択するものである」とし、こうした意思決定の方法を満足化と表現しました。あらゆる選択肢を徹底的に検討することは、無駄に労力を使うことになるだけでなく現実には不可能である、という考えに基づいた意思決定方法といえます。ハーバート・サイモンによれば、すべての選択肢を比較検討するだけの認知能力など備わっていないものなので、最良で申し分ない結果を求めるよりは「妥協できるもの」もしくは「大体満足のいくもの」という基準で判断を下すほうがよほど理にかなっていることになります。人は「最良化」ではなく「満足化」するものであるとすれば、ウェブサイトやソフトウェアをはじめとする各種製品のデザインのしかたも変わってきます。

[†] satisfice。satisfy（満足する）とsuffice（十分足りる）を合成した語。

読んでもらうのではなく、ざっと見てもらうためのウェブサイト作り

スティーブ・クルーグは著書『ウェブユーザビリティの法則』[Krug 2005]で、ウェブサイトを覗いたユーザーの行動に満足化の原理を当てはめています。ウェブサイトを作る側としては、ページのすべてを読んでもらいたいものですが、クルーグはこの点につい

て次のように述べています。「ユーザーはウェブサイトを見ている間（見てもらえただけでも運のよいほうなのだが）ほぼずっと、次々とページをチラッと見ては文章を斜め読みし、探しているものや興味をもっているものに近そうなリンクがあればクリックするといったことを繰り返している。ページの大部分がユーザーの目に留まっていないという場合も珍しくない」。クルーグはウェブページを車窓から見える看板のようなものと表現しています。多くのユーザーはそうした看板を見るように、ウェブページに視線を走らせるだけなのだと心得ましょう。

　以上のことを念頭に置いて、次にあげる**図 57-1** から**図 57-4** までをざっと見てください。これはアメリカの4つの州が運営しているウェブサイトからとったものです。皆さんはこのうちのどこかに旅行しようとして観光情報を探しているものと仮定してください。各ページの内容を細かく検討したりしてはいけません。ざっと見るだけにしてください。

　テキサス州のサイトは使い勝手がよさそうな感じがしませんか？　皆さんはあるサイトをほんの1～2秒見たときに受ける印象だけで「このサイトは使いやすそうだ」と判断を下しているのです。テキサス州のサイトは余白が多く文字も大きいのがわかります。「Search（検索）」ボックスがページの中心に置かれています。こうした要素があると、探している情報を見つけるのに簡単で妥当なサイトだと認識しやすくなります。第一印象で満足化すること —— これがユーザーがあるサイトを見続けるかどうかを決める上できわめて重要になるのです。

ポイント

- 人はできるかぎり少ない作業量で仕事を片づけるものであることを心得ておきましょう。これはほぼすべてのことに当てはまります。
- 人は最良の結果より、ほどほどに満足できる結果を求めるものです。

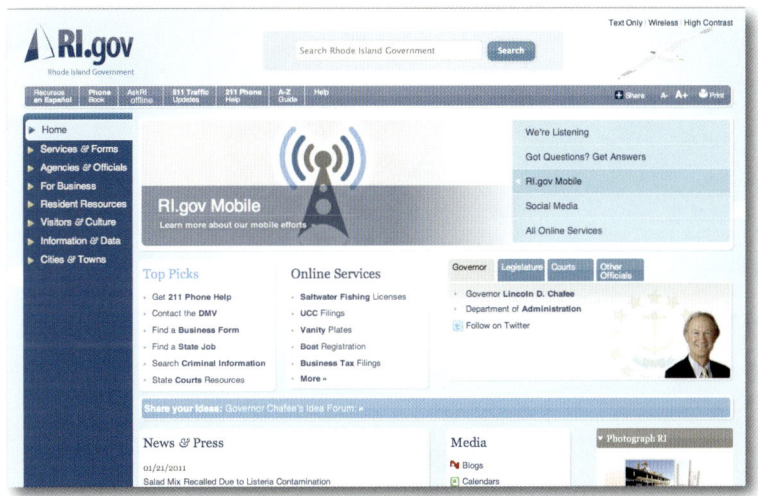

図57-1　ロードアイランド州のウェブサイト

図57-2　ミシシッピ州のウェブサイト

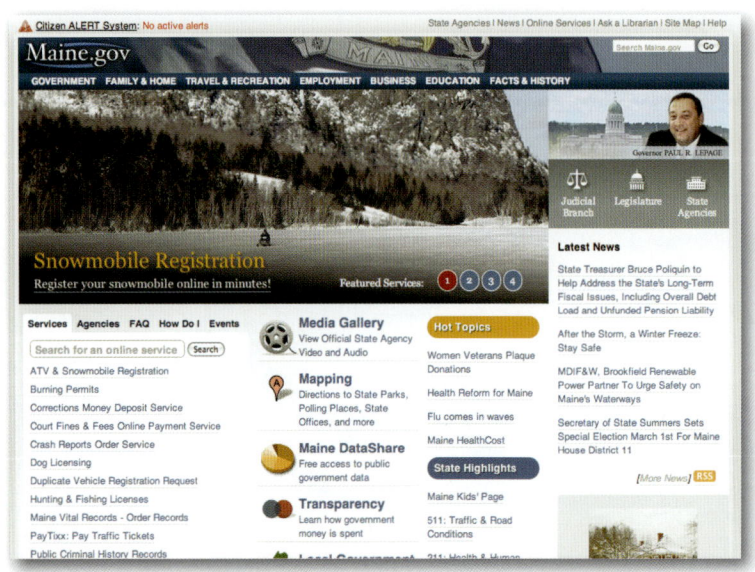

図57-3　メイン州のウェブサイト

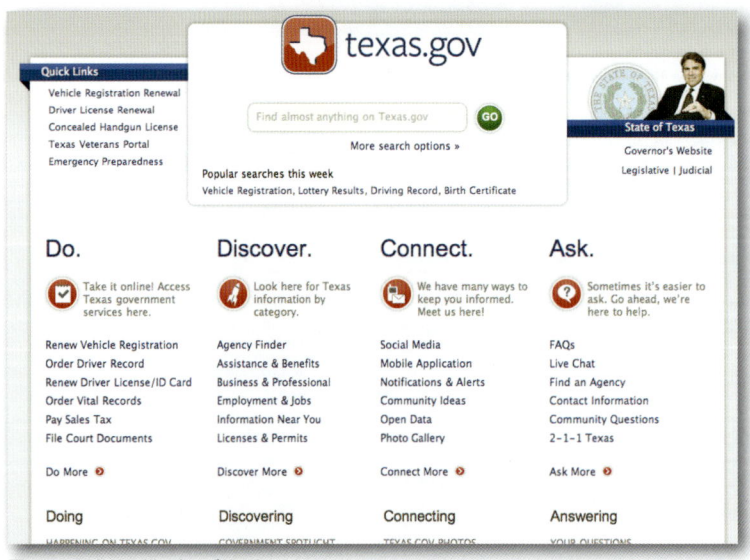

図57-4　テキサス州のウェブサイト

058
近道は簡単に見つかるときしか しない

　皆さんはパソコンを使っているとき、「ショートカットキー」を使いますか？　いくつか使うものはあるけれど、使わないものもたくさんあるといった人が多いのではないでしょうか。なぜそうした使い分けをするのでしょうか。

　人は簡単かつスピーディに物事を処理できる方法を探すものです。繰り返しが要求される作業については、特に一所懸命探します。しかし近道(ショートカット)が見つかりにくかったりそれまでの習慣がしみついていたりすると、慣れた方法で作業し続けてしまいます。逆説的に思えますが、結局作業にどれだけ手間取ると感じるかの問題なのです。近道を見つけるのに多大な労力を要すると思われる場合は、今までの習慣を維持しようとするものなのです（近道という満足化に関しても満足化しているわけです）。

「デフォルト」の設定

　デフォルト（初期状態やユーザーが何もしなかった場合に採用される値や選択肢）をあらかじめを設定しておくと、作業量の軽減につながる場合があります。たとえば、ウェブ上のフォームにユーザーの氏名やアドレスが自動的に入力されるようデフォルトを設定しておけば、入力にかかる手間が少なくて済みます。ただし、デフォルトも設定しさえすればよいというわけではありません。ひとつの問題は、デフォルトが設定されていることに気づかないことがあるため、意図しないものまで受け入れてしまう恐れがあるという点です。この問題を解く鍵もやはり作業量にあります。ユーザーが誤ったデフォルトを受け入れてしまったときに、面倒な作業を行わなければならないような設定は避けなければなりません。

デフォルトのせいで余計に手間がかかることも少なくない

　最近のことですが、筆者はネットショッピングで靴を買って娘にプレゼントしました。後日、同じサイトで今度は自分の靴を買おうとしたのですが、発送先住所のデフォルトが自宅ではなく、最後に入力した娘の住所に変わってしまっていました。筆者は自宅以外の住所がデフォルトになっていることに気づかず、注文をしてしまいました。娘のところには注文していない靴が送られてきて「ビックリ」というわけです。ユーザーが気づかないうちにデフォルトを設定してしまったことで、娘にとっても筆者にとっても余計に手間がかかることになってしまったわけです。

ポイント

- 覚えやすく、見つけやすく、使いやすいショートカットを設定しましょう。ただし、ユーザーがいつも使うとはかぎらないことを心得ておきましょう。
- デフォルトを設定しましょう。ただし、大部分のユーザーが一般に望んでいるデフォルトが何であるかがわかっている場合や、ユーザーがうっかりデフォルトを選択しても致命的なミスを招かない場合にかぎります。

059
人の行動は「性格だ」と判断されがちである

　ある男性が人ごみの中を約束の場所に向かって歩いているとします。途中で、大学生らしき人が書類の入ったフォルダを落とすのが目に入りました。書類が地面に散らばりますが、男性はチラッと見やっただけでそのまま歩いて行ってしまいました。皆さんはこれをどう思いますか？　なぜ男性は立ち止まって書類を拾うのを手伝ってあげなかったのでしょうか？

　「男性は自己中心的で、道でたまたま出会った人を助けるようなことはしない人なんだ」と考える人が多いのではないでしょうか。これは「根本的な帰属の誤り」あるいは「対応バイアス」と呼ばれるものです。人は他人の行動を判断する際、状況的側面よりもその人の性格的な面を重視する傾向があります。この男性のとった行動の原因を、（自己中心的な）性格のせいではなく、男性が置かれていた状況のせいだと考えることもできます。たとえば「男性はその日、取引先との大事な会議に遅れそうで立ち止まる余裕がなかったのかもしれない。状況が違っていれば立ち止まっていただろう」というものです。とはいえ現実にこの事例が起きた場合、普通は状況的な理由があったとは考えません。男性の行動を「状況」のせいではなく「性格」のせいとみなしてしまうのです。

自分の行動は状況のせいにする

　一方、自分の行動を分析、説明するときは、他人の行動の場合とは逆にしてしまう傾向があります。つまり「状況に影響されており性格的な要因は関係ない」と考えるのです。仮に上の事例の男性が皆さんで、立ち止まって書類を拾うのを手伝わなかった場合、「会議に遅刻しそうで立ち止まる余裕がなかったから」などと、状況を理由とした説明をすることでしょう。

　「根本的な帰属の誤り」に関する研究によって以下のことがわかっています。

- 個人主義的行動を重視する文化（アメリカなど）では、他人がとった行動の原因をその人の性格に求める傾向がある。こうした文化では「根本的な帰属の誤り」を犯す人は珍しくない。
- その一方で、自分の行動については、性格より状況に原因を求める傾向がある。
- 個人よりも集団に価値を置くことの多い、集団主義的行動を重視する文化（東アジアなど）でも「根本的な帰属の誤り」を犯す人はいるが、個人主義的文化ほどは多くない。

関連する研究の大半は、人が自分の行動を性格的要因と状況的要因のどちらに影響されたものだと考えるかを調査するものですが、実際、個人の行動はどちらかの影響を受けていると思われます。人は「（自分のグループではない）ほかのグループ」のメンバーがしたこと（下した決定）は、個々人の性格や態度（性格的要因）のせいだと考えますが、「自分のグループ」の仲間がしたこと（下した決定）は、グループの決まり（状況的要因）のせいだと考えるものなのです。

わかっていてもやめられない

　研究の結果、「根本的な帰属の誤り」を避けるのは非常に難しいことがわかっています。こうした誤りが起こりがちであることを知っていても、ほとんどの人は「根本的な帰属の誤り」を繰り返してしまうものなのです。

➡ 人災の犠牲者より自然災害の犠牲者に対する寄付のほうが積極的に行われる

ハンナ・ザゲフカは洪水の被害に見舞われた島に関する架空の記事を用意し、第1グループの被験者には洪水の一因が島内のダムの欠陥であることに言及する記事を、第2グループの被験者には、ダムの欠陥には触れず洪水は激しい暴風雨に起因したと書かれた記事を読んでもらいました。その結果、第1グループは第2グループに比べ寄付に協力する人の数が少なかったという結果が出ました [Zagefka 2010]。

同様の結果は、2004年にスーダンのダルフール地方で起きた津波と内戦の被害者に対する寄付に関する実験でも得られました。ダルフールの内戦が民族紛争によるものと告げられると、被験者は人間に原因があると考えるために寄付には非協力的でした。

ハンナ・ザゲフカが行ったその他の実験でもやはり同様の結果が出ています。手立ての講じようがあったと考えられる人災の場合、被験者は原因が人間であることを強く意識する傾向が強かったのです。

ポイント
- 開発中の製品についてユーザーにインタビューする場合、回答内容の処理や分析で「根本的な帰属の誤り」をしないよう気をつけましょう。状況的要因を見落とし、性格的要因を根拠に「ユーザーが今後とる行動」を予測する傾向があります。
- 特定分野の専門家にインタビューしたとき、「ユーザーはこんなことを（よく）する」など言われても、鵜呑みにせず内容をよく吟味しましょう。その専門家も状況的要因を見落とし、ユーザーの性格的要因を過度に重視している可能性があります。
- 自分が先入観を抱いていないか別の観点から検証する癖をつけましょう。仕事柄、人がとる行動の理由について判断を下す機会が多い場合は「根本的な帰属の誤り」を犯していないか、自問自答してからにするとよいでしょう。

060
習慣は長い時間をかけ
徐々に形成される

　毎朝コンピュータの電源を入れると、まずメールを開き、フェイスブックを見て、天気のサイトをチェックする。皆さんにもこのような「習慣」はありませんか？　なぜ毎日こうした同じ作業をする気になるのでしょうか？　習慣化するにはどのくらいの期間がかかったでしょうか？　習慣を変えるにはどのくらいの期間を要するでしょうか？

　フィリッパ・ラリーはどのような経過をたどって習慣となるのか、また習慣となるにはどの程度の期間が必要なのかを調査しました [Lally 2010]。被験者には、運動する、決まったものを食べる、飲む、といった行為を毎日12週間続けてもらいました。また、こうした行為をきちんと実行したかどうか記録するため、毎日インターネットに接続して記入してもらいました。

習慣化に要する期間とは

　実験の結果、習慣化するまでには平均66日かかることがわかりました。しかし習慣化に要した日数はばらつきが大きいため、この数字だけでは真実は見えてきません。被験者の特性や行為の難易度によって、18日しかかからなかった場合もあれば、（66日よりはるかに長い）254日もかかった場合もありました。フィリップ・ラリーによれば、ある行為を頭で考えずに自動的にできるようになるまでには段階を経ていくことがわかっており、この過程を図にすると次のような緩やかなカーブになります（図60-1）。

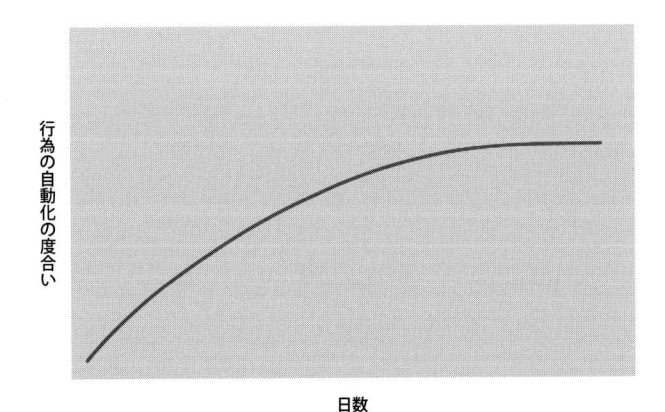

図60-1　習慣化の過程を図示すると緩やかなカーブになる

習慣化が早い行為もある

当然と言えば当然ですが、複雑な行為ほど習慣化には時間がかかります。実験で運動を習慣にしようとした被験者は、昼食にフルーツを食べる習慣をつけようとした被験者に比べ、習慣化に1.5倍の日数がかかりました。

1日サボったら支障は出るか？

フィリップ・ラリーの実験では、たまに1日サボった程度では習慣化にかかる日数には大きな影響はありませんでした。しかし、サボる回数が多すぎたり、連続して何日もサボったりするのは問題で、習慣化に遅れが見られました。当然ながら、休みなく行うほど自動化の段階に達するまでの期間も短くなりましたが、1日だけサボっても習慣化を遅れさせることはありませんでした。ただし、2日以上サボると習慣化に遅れが生じました。

★ ためらわず過去の自分を大目に見よう

マイケル・ウォールによれば、先延ばしを防ぐもっとも効果的な方法は、過去の同様の経験をあまり気に病まないことだそうです [Wohl 2010]。

➡ 新たな習慣形成を促すには、まず小さなノルマを課してみる

誰かに何か大きなことを成し遂げてもらいたいと思ったら、まずはそのことに関連はするものの簡単にできる小さなことから始めてもらいましょう。こうすることでその人に変化が生じ、大きな変化への準備ができてきます。習慣化してしまうまでが大変ですから、その段階を越えられればあとは比較的スムーズにいきます。したがって、まずは小さな仕事をやってもらいましょう。そうすることで徐々に習慣が形成され、大きな仕事ができるようになります。

ポイント
- 複雑なものより、簡単にできる小さなノルマを人に課しましょう。
- ノルマを果たす人が毎日もしくはほぼ毎日忘れずに取り組むよう促しましょう。
- 習慣化は長い時間を要する場合もあるので、辛抱強く続けましょう。

061
競争意欲はライバルが少ないときに増す

　スティーブン・ガルシアとアビシャロム・トーの研究によると、試験会場にいた人の数によって、試験の成績が影響を受ける可能性があるようです [Garcia 2009]。ガルシアらは、SAT（米国の大学進学適性試験）のスコアについて、会場の受験者数が多かった地域と少なかった地域を比較検討しました（各地域の教育予算などの要因は考慮に入れて、スコアは補正してあります）。その結果、受験者数が少なかった地域のスコアのほうが高かったのです。そこでガルシアらは、ライバルがあまりいないときには、（おそらく無意識的に）勝てる気になるためにいっそう頑張るのではないかという仮説を立てました。この説に従えば、ライバルが多いと自分の位置が把握できず、勝とうとする意欲があまり出てこないことになります。ガルシアらこの説を「N効果」（NumberのN）と呼びました。

ライバルが10人のときと100人のとき
　ガルシアらはこの説を証明するために実験を行いました。用意した簡単なテストをできるだけ速く正確に解くよう学生の被験者に指示し、上位20%に入れば5ドルもらえると告げました。また、Aグループには自分以外に10人が参加していることを、Bグループには100人が参加していることを告げました。その結果、AグループはBグループに比べて解く速さが勝っていました。ライバルが少ないことがわかっていたため、Bグループよりヤル気の度合いが高かったのです。興味深いのは、被験者が個室でテストを受けていたことです。実験の参加者がほかにいることは口頭で知らされただけでした。

ポイント
- 競争でヤル気は増しますが、過度の競争は避けたほうがよいでしょう。
- ライバルが10人以上いることがわかると、競争意欲が低下する可能性があります。

062
人は自律性を
モチベーションにして行動する

　皆さんは1日、あるいは1週間のうち、いろいろなサービスを提供してくれる機械やウェブサイトを何回利用していますか？　担当の人が誰もいなくても、自分ひとりで機械を操作するだけでやりたいことができてしまうサービスがどんどん増えています。ATMやネットバンキング、ネット証券などなど。

　セルフサービスに関しては、こんな愚痴を聞いたことがあるかと思います——「生身の人間と話せた古き良き時代はどこへ行ったしまったんだろう」。しかし実のところ、人はほかの人に依存したくない、他人の助けを借りずに自分で行動していると実感したい、と思うものなのです。自分のしたいやり方でしたいときに行動する、つまり自律性を好む生き物なのです。専門家にお願いするよりは、自分でできるに越したことはないと思っています。このことを示す一例がMIT App Inventorです（図62-1）。これはMITが公開しているウェブサービスで、モバイル端末向けアプリケーションを自分で開発することができます[†]。

[†] App Inventor は当初、Googleが提供していました。

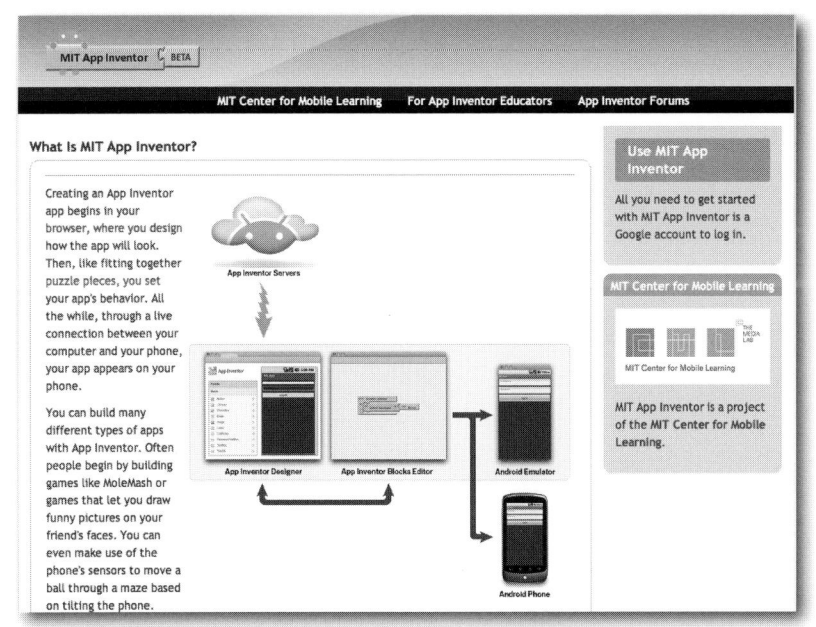

図62-1　MIT App Inventorを使えばプログラミングなしでスマートフォン用アプリを作成できる

➡ 自律性がヤル気の源となるのは、自分がコントロールしている気になるため

脳の無意識領域は、自分が物事をコントロールしている状態を好みます。こうした状態にあれば、危険に遭遇する可能性も低くなります。「古い脳」は危険から身を守ることを最優先するのです。「自分でコントロールできる」「危険が遠ざかる」「自分で物事を決めていく」はいずれも自らの身を守るために人が望むことであり、このため自律性の確保がヤル気の源泉ともなるのです。

ポイント
- 人は自分が主体となって何かをしたいという強い気持ちがあります。
- セルフサービス的な機能を拡張しようとする場合、ユーザーが自分でコントロールできる範囲や、自分ひとりでできる範囲を広げる方向を目指しましょう。

7章 人は社会的な動物である

人間にとって「社会性」は、多くの人が考えている以上に重要な要素です。人は社会生活のためなら身の回りのものを何でも利用します。もちろんハイテク製品やネットのサービスなども例外ではありません。この章ではこうした人と人との社会的なやり取りの背景について、科学的に分析をしていきます。

063
「強い絆」を有する集団の規模の上限は150人

フェイスブック仲間や、ツイッターのフォロー相手やフォロワー。さらに職場の同僚、学校や教会などの地域組織で知り合った人たち、個人的な友人、家族。皆さんの人間関係のネットワークは何人で構成されていますか。

ダンバー数

動物界における社会集団は進化人類学者の研究対象ですが、長年の研究テーマのひとつに「それぞれの種で、社会集団を形成する個体数に上限はあるだろうか」というものがあります。ロビン・ダンバーはさまざまな動物についてこれを調査しました[Dunbar 1998]。脳（特に新皮質）の大きさと、社会集団で安定した関係を保っている個体の数との間に関連があるか否かを調べたのです。その結果、それぞれの集団の上限を算出するための式ができました。この式で得られる数は、研究者の間で「ダンバー数」と呼ばれています。

人間の社会集団の上限

ロビン・ダンバーは動物での研究結果に基づいて人間の場合の上限を推測しました。前述の式で計算したところ150人という結果が出たのです（皆さんの中には統計の専門家もいるかもしれませんから、もう少し詳しく説明すると、実際の計算結果は148人でしたが、切り上げて150人としました。また、測定誤差がかなり大きいため、95%信頼区間は100〜230人です）。

> **ダンバー数は時代や文化を越えて共通**

ロビン・ダンバーはこれまでにさまざまな地域や時代の集団の規模を調べてきましたが、ダンバー数は文化、地域、時代を越えてあらゆる人間に当てはまると確信しています。
ダンバーはホモ・サピエンスの大脳新皮質が現代人と同じサイズになった時期が約25万年前だと想定して、狩猟採集民の集団を調べました。その結果、新石器時代の農村人口が平均150人であったことがわかりましたが、この人数はフッター派（16世紀にモラヴィアで生まれ、信仰と固有の文化に基づいた共同生活を固持してきたキリスト教の一派）の集落、古代ローマの軍隊、現代の軍隊についても変わりませんでした。

安定した社会的関係には限界がある

ここでいう上限は、安定した社会的関係を維持できる相手の数です。つまり、皆さんがそれぞれの相手のことをよく知っており、なおかつその集団において各人がほかのすべての人とどのような関係にあるかも皆さんが知っている、そんな関係です。

150人は少ない？

人間のダンバー数が150だと話して聞かせると、ほとんどの人が「それではあまりにも少ない」と言います。実際の友人知人の数が150人よりはるかに多いからです。実は150というのは、固い絆を保とうとする力が強く働く集団の規模なのです。集団の去就が生存にかかわるような場合は、やはり150人が限界で、こうした集団は物理的にも互いに近接した状態を維持します。集団の去就が生存にかかわらなければ（あるいは集団に属する者が分散しているなら）、ダンバー数はさらに減少するだろうとロビン・ダンバーは見ています。つまり現代社会に暮らす私たちなら、ほとんどの場合150にも満たないだろうということです。ソーシャルメディアの世界であれば、フェイスブック仲間が750人、ツイッターの相手が4,000人いるかもしれません。しかしいずれも、ダンバー数の見地からすれば「誰もが全員を知っていて、皆が近くにいる強くて安定した関係」とは異なるのです。

大事なのは弱いつながり？

「ダンバー数」に対して批判的な目を向ける人たちの間では、次のような意見も聞かれます——「ソーシャルメディアで本当に大事なのはダンバーの言うような『強いつながり』ではなく、『弱いつながり』だ。つまり、集団内の全員を知っている必要もなければ、相互の近さがベースになっているわけでもない、そんな弱いつながりなのだ」（ただし、ここでいう「弱い」は、重要性がより低いという意味ではありません）。ソーシャルビジネスのアドバイザーであるジェイコブ・モーガンによれば、ソーシャルメディアが関心を集めているのは、こうした「弱い」つながりを素早く手軽に増やせるからで、現代の世の中では「弱い」つながりこそがもっとも必要なのだそうです。

★ ダンバーの説とモーガンの説の詳細

ロビン・ダンバーの説の詳細はインタビュービデオで見ることができます。

http://www.guardian.co.uk/technology/video/2010/mar/12/dunbar-evolution

ジェイコブ・モーガンの説の詳細はブログの記事に掲載されています。

http://www.socialmediatoday.com/SMC/169132

ポイント

- 集団の去就が生存にかかわり、その集団を構成するメンバーが物理的に近接した状態を維持している場合、構成人数には約150人という上限があります。このような集団の「仲間」が周囲にいないと思えるようなときには、疎外感や孤独感、ストレスを感じる可能性があります。
- ソーシャルメディアを介して150人以上の人々とつながっている場合、その関係はおそらく「弱いつながり」でしょう。
- ソーシャルネットワーキング系のサービスを設計するときには、ユーザー同士のやり取りで生み出そうとしているのが「強いつながり」なのか「弱いつながり」なのかを考える必要があります。
- 「強いつながり」を目指す場合は物理的な近さをひとつの要素として組み込み、参加者がネットワーク内で相互にやり取りして理解し合えるようにする必要があります。
- 「弱いつながり」を目指す場合は、人と人の直接的なコミュニケーションや物理的な近さに依存しないようにしましょう。

064
人には生来模倣と共感の能力が備わっている

　大人が舌を出して見せると、新生児も真似をして舌を出します。これは生後1か月ほどのごく早い段階から見られる行動です。脳にはこうした模倣能力が生来備わっているのです。脳についての近年の研究で、模倣行動の仕組みが明らかになりました。この知識をデザインに活かせば、ユーザーに皆さんが望むとおりの行動を促すこともできるかもしれません。

ミラーニューロンの発火

　脳の前部に「前運動皮質」と呼ばれる領域があります。実際に体を動かす信号を送っているのはここではなく一次運動野という領域です。前運動皮質は体を動かすための計画を立てる部位です。

　さて、皆さんがソフトクリームを手に持っているとします。アイスが溶けてきたので、服の上に落ちないよう、垂れてきた部分をなめようと考えます。皆さんがfMRIにつながれていれば、まず最初に、垂れてきたアイスをなめようと思ったところで前運動皮質が反応を示すのが見え、次に腕を動かすときには一次運動野が反応している様子が見えるでしょう。さて、ここからが面白いところです。ソフトクリームを持っているのが皆さんではなく皆さんの友だちだったらどうでしょうか。友だちが持っているソフトクリームが溶けてきたのを皆さんが見ているわけです。友だちが腕を上げ、垂れてきたアイスをなめると、それを見ている皆さんの前運動皮質でもニューロンの一部が発火します。人の動作を見ているだけなのに、まるで自分自身が実際に同じ動作をしているかのように同じ領域のニューロンの一部が発火するのです。こうしたニューロンは「ミラーニューロン」と呼ばれています。

★ 共感能力をつかさどるミラーニューロン

最新の理論によると、ミラーニューロンは他者に共感する手段でもあるそうです。私たちはこのミラーニューロンを介して他者の経験をそっくりそのまま経験することによって、相手の気持ちを深く理解できるかもしれません。

▶ 相手のジェスチャーを真似ると好感度がアップ

ふたりの人が話しているのを観察してみましょう。やがて互いのジェスチャーを真似し始めるはずです。ひとりが身を乗り出せば、もうひとりも身を乗り出し、ひとりが顔に手をやればもうひとりも、という具合に。

ターニャ・カートランドとジョン・バーグは被験者を「サクラ」と共に座らせて会話をさせるという実験を行いました [Chartrand 1999]（被験者には会話の相手が「サクラ」であることを知らせてありません）。「サクラ」は指示されたとおりの身振りをしました。しきりにほほ笑むよう指示された「サクラ」もいれば、顔に手をやるよう指示された者もおり、貧乏ゆすりをするように言われた者もいました。被験者は（無意識に）「サクラ」の真似をし始め、真似をする確率は動作によって異なりました。顔に手をやるしぐさを真似た人は20％いましたが、貧乏ゆすりを真似た人は50％もいました。

カートランドらはまた別の実験も行いました。今度は被験者をふたつのグループに分け、一方のグループでは「サクラ」が参加者の動作を真似し、もう一方のグループでは「サクラ」は被験者の真似をしませんでした。会話を終えたあとで、「サクラ」をどの程度気に入ったか、どの程度会話がはずんだかを被験者に尋ねました。すると、好感度も会話のはずみ具合も、「サクラ」が被験者を真似たグループのほうが高くなりました。

★ ヴィラヤヌル・S・ラマチャンドランによるミラーニューロンの研究

ミラーニューロン研究の第一人者ヴィラヤヌル・ラマチャンドランが、自分の研究を紹介している講演の模様をTEDで視聴できます。ぜひご覧ください。

　http://bit.ly/aaiXba（日本語字幕付き）

ポイント
- 人が何かをしているところを見るという行為には思いがけない力が潜んでいるということを覚えておきましょう。ある人にある行動を促したければ、その人に、誰かほかの人がその行動をしているところを見せればよいのです。
- 物語を聞いて心の中にイメージを思い描くことによって、ミラーニューロンが発火する場合があるということが研究で明らかになりました。人に行動を起こさせたければ、物語を活用しましょう。
- ウェブサイトの動画には特に説得力があります。インフルエンザの予防接種を呼びかけるなら、予防接種を受けるためにやって来た人たちが病院の受付で行列を作っている動画を、子どもに野菜を食べさせたいなら、ほかの子どもたちが野菜を食べている動画を見せましょう。こうすればミラーニューロンが発火してくれます。

065
「同じ釜の飯を食った仲間」の絆は強い

　吹奏楽団のメンバー、野球やサッカーの試合で応援している観客、教会の信者。こうした人々の共通点はなんでしょうか？　答えは、いずれも「同期活動」をしている、というものです。

　以前から人類学者の関心を集めてきたのが特定の文化における儀式——太鼓を叩いたり、踊ったり、歌ったりする儀式です。スコット・ウィルターマスとチップ・ヒースは、同期活動が参加者の協力行動に影響を与えるか否か、与えるのであれば、どう与えるのかを詳しく調べようと、一連の実験を行いました [Wiltermuth 2009]。被験者には集団で「歩調を合わせて歩く」「歩調を合わせずに歩く」「一緒に歌う」といったことを組み合わせてやってもらいました。ある被験者グループには、こうした同期活動に参加したあと、一定の作業をしてもらい、また別の被験者グループには同期活動をせずに同じ作業をしてもらって比較したところ、「事前に同期活動を行ったグループのほうが協力して作業を進め、グループ全体のことを考えて自己犠牲をはらう傾向がより大きい」という結果が出ました。

　「同期活動」とは他の人と一緒に同じ行動をとること、それも全員が物理的に近い距離で同時に同じことを行うことを指します。たとえば合唱や、集団での踊りや詠唱、太極拳、ヨガはいずれも同期活動です。

　ウィルターマスらの研究では、そのグループやその活動に必ずしも好感をもっていなくても協調性は増す、ということも明らかになりました。同期活動を行うだけで、そのグループのメンバー間の社会的なつながりが強まるようなのです。

➡ 幸せになるには同期的な活動が必要？

ジョナサン・ハイトは、同期活動とミラーニューロンを人類学と進化心理学の観点から考察し、同期活動には結束を強める効果があるため、集団の存続に役立つという説を展開しています [Haidt 2008]。ミラーニューロンは同期活動に関与しており、同期活動に参加することでしか得られない種類の幸福感があるというのです。

ポイント

- ツイッター、フェイスブック、リンクトインなどのソーシャルメディアをはじめとして、オンラインでの交流は多くが非同期的ですから、同期活動への参加意欲を満たしたり同期活動ならではの喜びを与えたりすることはできません（それ以外の社会的ニーズは満たしてくれますが）。
- オンラインでの交流はたいてい他の参加者と物理的に近い距離では行わないため、設計面で同期活動を組み込む機会は限られたものとなります。
- ビデオやオーディオを利用して同期活動を組み込むという可能性を検討してみましょう。

066
オンラインでの交流においては社会的なルールの遵守を期待する

　ソーシャルメディアについてはさまざまな議論が行われていますが、「ソーシャルメディア」とは厳密には何を意味する言葉なのでしょうか。多くの人は、自分の会社や組織、自社のブランドをオンラインでより効果的に売り込むための「社会的な」ソフトウェア（アプリケーション）だと思っています。しかし改めて考えてみると、オンラインでのやり取りはどれも「社会的な交流」と言えるでしょう。ウェブサイトを閲覧するという行為だけでも「社会的な交流」にほかなりません。たとえば税務署のウェブサイトで税金の申告をするといった行為も「社会的な交流」なのです。

社会的な交流のルール

　人間同士がやり取りするときには社会的な交流のルールや指針に従うものです。たとえば皆さんがカフェのテラス席に座っているとしましょう。友だちのケンが店に入ってきて、皆さんに気がつきました。ケンは近づいてきて声をかけます。「やあ、○○くん。元気？」。ケンは皆さんが受け答えをすること、また、その後のやり取りがある程度お決まりの形で行われることを予想しています。具体的には、まず皆さんが自分のほうを向き、目を合わせるものと思っています。これ以前の会話が友好的なものであった場合は、皆さんが少し笑顔を見せるだろうとも予想しています。次に皆さんから「元気だよ。いい天気だからこの席にしたんだ」といった応えが返ってくるだろうと予想します。その後の展開は、ケンと皆さんの間柄によって変わってくるでしょう。ちょっとした知り合いなら、「ああ、ほんとにいい天気だよな。じゃ、また」とケンが応えて会話は幕切れとなるかもしれません。親しい間柄なら、ケンも腰をおろして話を続ける、といった可能性もあります。

　ふたりとも会話がどう進むかをある程度予測しており、どちらか一方でもそれに反すれば居心地が悪くなります。たとえばケンが「やあ、○○くん。元気？」と声をかけたのに、皆さんがまったく反応を示さなかったらどうでしょうか。無視したり、目を合わそうとしなかったりしたら？　あるいは「妹は昔っから青が嫌いなんだ」と言って宙を見つめていたら？　それとも、やけに個人的な話をし出したらどうでしょうか。いずれの場合もケンは違和感を抱くでしょう。すぐにでも会話を切り上げようとするでしょうし、次に同じような機会があっても声をかけたりしないでしょう。

オンラインでの交流でも同様のルールを

　オンラインでの交流も同じことです。ウェブサイトを閲覧したり、オンラインアプリケーションを使ったりするとき、利用者はどういう反応が戻ってくるか、やり取りがどのように進むか、ある程度想定しているのです。

　このような想定の中には、人間同士が対話する際の予測とよく似たものが多くあります。ウェブサイトが反応しなかったり、読み込みに時間がかかりすぎたりすると、ある意味、話しかけた相手から見向きもされなかったり、無視されたりしたのと同じように感じるものです。個人情報の入力を求めるタイミングが早すぎるサイトは、やたらと個人的なことを尋ねてくる人のように思えます。アクセスするたびに情報を入力し直さなければならないウェブサイトは、皆さんのことを認識していない人や、知り合いであることを覚えていない人と同じように感じます。

　図66-1は社会的なルールを守っていないウェブページの一例です。この本の執筆時点ではバラク・オバマ氏がアメリカ合衆国の大統領です。さて、皆さんはオバマ大統領が自分の政策に対する支持を国民に呼びかけるためにソーシャルメディアをどう利用

図66-1　社会的な交流のルールを守っていない「オーガナイジング・フォー・アメリカ」のサイト

しているかについて調べたいとしましょう。検索をして、民主党全国委員会の支持組織「オーガナイジング・フォー・アメリカ」のウェブサイトを訪れます。ところが、執筆時点では、まだサイトに入ってもいないトップページの段階で、メールアドレスと郵便番号を入力する欄が表示されるのです（下のほうにスキップ・ボタンがありますが、このボタンを見つける前に、すでに悪い印象を持ってしまっているはずです）。

　このウェブページでのやり取りを、通常の社会ルールに基づいた想定に照らし合わせて考えてみましょう。皆さんが通りを歩いていると誰かが近寄ってきてこう言います──「オバマ大統領の政策を支持するための詳しい方法をお知りになりたいですか？」。そしてパンフレットを差し出すので、皆さんは「ええ」と答え、受け取ろうとします。すると相手は手を引っ込めて言います──「すみませんが、詳しいお話をする前にメールアドレスと郵便番号を教えていただかないと」。「じゃあ結構」と皆さんが立ち去ろうとすると、相手はうしろから呼びかけてきます──「ちょっと待って。それならメールアドレスも郵便番号も要りませんから」。そんなことを言われても今さら信じる気にもなれず、これ以上話したいとも思わないでしょう。

ポイント

- ウェブサイトやアプリケーションをデザインするときにはユーザーとのやり取りに配慮する必要があります。人間同士の交流のルールに従っているでしょうか？
- ユーザビリティデザインの指針の多くは、実は人間同士のやり取りに関する想定に基づいた指針にほかなりません。ですからユーザビリティの基本原則を守れば、そうした想定から大きく外れることはまずないでしょう。

067
嘘の度合いは伝達手段によって変わる

　コミュニケーションには、手紙やメモ、メール、実際の対話、電話、インスタントメッセージなどさまざまな手段があります。ある研究者が「伝達手段が変わると、『どこまで正直に伝えるか』に違いが出るだろうか？」という疑問を持ちました。

大学院生の92％が嘘をついた

　デポール大学のチャールズ・ネイキンらは、メールと手書きのメモとで、「内容を偽らずに伝える」という意味での誠実度に差が生じるか否かを調べる研究を行いました[Naquin 2010]。

　まず、最初に行った実験から紹介しましょう。ビジネススクールの学生48人を被験者として、それぞれに（架空のお金で）89ドルを渡し、これをパートナーと分けるよう指示しました。パートナーにいくら渡すかは各自が決め、最初にいくらもらったかをパートナーに知らせるよう指示しました。知らせる手段は、一方のグループはメール、もう一方のグループは手書きのメモです。結果は、「最初にいくらもらったか」を正直に伝えなかった人の割合が、手書きメモのグループでは63％であったのに対して、メールのグループではなんと92％にものぼっていました。メールのグループでは分配のしかたが公平でなかった人の割合も手書きのグループを上回り、誠実、公平でないことに対する罪悪感も手書きのグループより薄かったのです。

管理職も嘘をつく

　嘘をつくのは学生だけではありません。ネイキンらはさらに管理職を対象にした実験も行いました。現役の管理職177人を被験者として3人1組のグループに分け、資金配分のゲームをしてもらったのです。各グループのどのメンバーにも科学系のプロジェクトの管理者のふりをしてもらい、自分のプロジェクトに資金を回してもらうための交渉をしてもらいました。被験者には本物のお金を使ってもらい、交渉が終わった時点で各自に割り当てられた金額が公表されることも事前に知らされました。一部の参加者にはメールで、ほかの参加者には手書きで交渉するよう指示しました。結果は、メールで交渉した被験者は手書きで交渉した被験者より、嘘の割合が多く、割り当てられた資金の金額も多くなりました。

⭐ 辛口の勤務評価

テリ・カーツバーグらは、メールと手書きで勤務評価が変わるかどうかを調べる実験を3回行いました [Kurtzberg 2005]。そしてどの回でも、手書きよりメールのほうが同僚に対して厳しい評価を下す傾向があるという結果が出ました。

嘘をつくのがいちばん多いのは電話

ここまで読んできて、皆さんはきっと「人間はメールを使うときにいちばん嘘をつきやすい」と思ったのではないしょうか。実は違うのです。ジェフリー・ハンコックは被験者に日記をつけてもらい、その結果を自己申告してもらう形で調査を行いました [Hancock 2004]。すると、嘘をつくことがもっとも多かったと報告されたのは電話で、もっとも少なかったのはメール、中間は対話とインスタントメッセージで、対話とインスタントメッセージは同レベルでした。

➡ 「道徳的拘束からの解放」理論

スタンフォード大学で社会心理学を研究しているアルバート・バンデューラは「人は自分の行為がもたらす悪い結果と自分自身の間に距離があるほど、非道徳的になり得る」という仮説を立て、これを「道徳的拘束からの解放」理論と呼びました [Bandura 1999]。チャールズ・ネイキンらは、こうした「自分の行為がもたらす悪い結果と自分自身の間の距離」を生むのがメールなのではないだろうかと、メールに関する自らの研究報告の中で述べています [Naquin 2010]。というのも、メールは永続性を有するものとは見なされない上、オンラインでは信頼性や親密さが薄れるからだとしています。

⭐ メールでの嘘の見分け方

ジェフリー・ハンコックによると、本当のことを書いた人より、嘘を書いた人のほうが単語数が（28%）多かったそうです [Hancock 2008]。しかも、嘘を書いた人の文章のほうが一人称（Iやme）が少なく、二人称や三人称（you、he、she、they）が多かったそうです。しかし面白いことに被験者の大半は、嘘をつかれてもうまく見抜けませんでした。

ポイント
- 人が嘘をつくことがいちばん多いのは電話、いちばん少ないのは手書きのときです。
- 手書きよりメールのほうが他者を否定的に見る傾向が大きくなります。
- メールによるアンケートを作成する場合は、手書きの場合より回答が否定的になりがちだということを認識しておきましょう。
- アンケート調査を行ったり、利用者からのフィードバックを得たりする際は、電話を使うと、メールや手書きの場合ほど正確な回答が得られないかもしれないという点を認識しておきましょう。
- 顧客や利用者からのフィードバックを得たい場合にもっとも正確な回答が得られるのは、対面による聞き取りです。

068
話し手の脳と聞き手の脳は同期する

　誰かの話を聞いていると、私たちの脳は話し手の脳と同期し始めます。グレッグ・スティーブンスらがある実験を行いました [Stephens 2010]。被験者に人の話（録音）を聞いてもらい、その最中の脳の働きをfMRIで記録するとともに、聞いた話の内容を確認するアンケートにあとで答えてもらうという実験です。その結果、私たちが人の話を聞いているときには、私たち聞き手の脳の反応パターンが話し手のものを反映して合致し始めることがわかりました。話を聞いて理解するのに要する時間に相当するわずかな遅れはありましたが、脳の複数の領域で同期が起こっていたのです。グレッグ・スティーブンスはこの結果を、被験者に理解できない言語の話を聞かせたときの結果と比較してみましたが、後者の場合には脳の同期は起こりませんでした。

同期＋予測＝理解

　上の研究では、脳の同期の程度が大きいほど、話し手の考えやメッセージに対する聞き手の理解も深いという結果が出ました。そして脳の活性化していた領域をfMRI画像で確認したところ、予測や期待をつかさどる部位が活動しており、その活性化の程度が大きいほど、コミュニケーションも良好だったということがわかりました。また、社会的交流に関連する脳の領域も同期していました。この領域には、他者の意見、欲求、目標を認識する能力など、コミュニケーションを成功させる上で必要不可欠な社会的情報の処理にかかわっているとされる領域も含まれていました。さらにグレッグ・スティーブンスは、こうした聞き手と話し手の脳の同期にはミラーニューロンが関与しているという説も発表しています。

ポイント
- 人の話を聞いているときには、その話の理解を助けるような特有の脳の同期が起きます。
- 音響機器やビデオで人の話を聞かせるという方法は、その内容を聞き手に理解してもらう上で特に効果的です。
- 相手に情報を正確に理解してほしい場合は、「文章を読んでもらう」だけでなく、これを補強する方法も考えましょう。

069 脳は親しい人には特別な反応を示す

「うちでワールドカップを見ないか？ 友だちも連れて来いよ」とおじさんが皆さんを誘ってくれたとしましょう。おじさんの家に行ってみると、すでに何人か来ていて、親戚やその友だちなど、知っている顔もあれば、知らない顔もあります。テレビの試合を見ながら、飲んだり食べたり、サッカー談義や政治談義をしたりして、みんなで大いに盛り上がりました。よくあることですが、友だちや親戚でも意見の合う人と合わない人がいます。サッカーや政治の話となると友だちや親戚より意見の合う人が、初対面の人の中にいる場合もあります。こうした意味で、この日、この部屋に集まった人との関係を分類してみると、基本的には**図69-1**のように4種類になります。

意見が合う	共通点の多い友人や親戚	共通点の多い初対面の人
意見が合わない	共通点の少ない友人や親戚	共通点の少ない初対面の人

図69-1　ワールドカップ観戦パーティで考えられる4種類の関係

これに関連して、フィーナ・クリーネンが次のようなテーマを掲げて実験を行いました [Krienen 2010]。

- 4種類の組み合わせのそれぞれで、人間の脳は異なる反応を示すだろうか？
- 自分との共通点の有無が、他者に対する判断基準となるだろうか？ それとも、友人や親戚といった「親しさ」のほうを共通点よりも重視するのだろうか？
- 仮に共通点か親しさのいずれかを重視するとして、それが脳のfMRI画像に表れるだろうか？
- 初対面だが共通点のある人のことを考えるとき、親類や長年の友人について考えるときと同じ脳の領域が活発化するだろうか？

以上のような疑問点を検証する実験を行った結果、次のような結果が出ました。

- 被験者が友人に関する質問に答えたときには、共通点の有無にかかわらず内側前頭前皮質（MPFC）が活性化しました（MPFCは価値を判断し、社会的行動をつかさどる領域です）。
- 趣味や興味では共通点がある初対面の人のことを考えたときにはMPFCは活性化しませんでした。

★ MPFCの観点から見たフェイスブックとツイッターの違い

ジョナ・レーラーは論文の中でフェイスブックとツイッターの違いについて次のように書いています [Lehrer 2010] ──「フェイスブックは共通点の有無には関係なく、親戚や友人のように近しい人を結ぶものであり、MPFCが活性化する。一方ツイッターは未知の人との新たなつながりを生み出す効果が大きい」

ポイント

- ソーシャルメディアはどれも同じというわけではありません。親戚や友人など近しい人との間をとりもつタイプのものと、未知の人との新たな関係を作り出すタイプのものを見分けることが大切でしょう。
- 私たちは親戚や友人には特別な注意を払うよう「プログラムされて」います。そうした近しい人との間をとりもつタイプのソーシャルメディアのほうが、未知の人との新たな関係を作り出すタイプのものよりも頻繁に、また永く使うものです。親戚や友人とやり取りするフェイスブックのほうがリンクトインより1日のチェック回数が多いはずです。

070
笑いは絆を生む

　皆さんは誰かの笑い声を日に何回耳にするでしょうか？　笑いはあまりにも当たり前な存在であるため、私たちは「笑いとは何か？」「なぜ笑うのか？」などと改めて考えてみることはあまりありません。

　笑いに関する研究は案外少ないのですが、今も研究を行っている人はおり、神経科学者のロバート・プロバインもそのひとりです。プロバインによれば笑いは（学習によるものではなく）本能的な行動であり、社会的な絆を生み出すのだそうです。

　プロバインらは何時間もかけて「人がいつ、なぜ笑うか」を調べました [Provine 2001]。さまざまな場所で、（特別なことをして笑わせたのではなく自然発生的に）笑った1,200人を観察し、性別、状況、話し手と聞き手の別、文脈を記録したのです。結果の要約は次のとおりです。

- 笑いは普遍的で、どの文化に属するどの人も笑う。
- 笑いは無意識に起こる。現に、命じられたところで笑えるものではなく、たとえ笑おうとしても作り笑いになってしまう。
- 笑いは社会的コミュニケーションに使われる。ひとりでいるときにはめったに笑わない。他者と一緒にいるときに笑う頻度は、ひとりの場合の30倍になる。
- 笑いは伝染する。ほかの人が笑うのを聞くと、まず笑顔になり、それから笑い始める。
- 人間は非常に幼い頃（生後4か月前後）から笑い始める。
- ユーモアによる笑いがすべてではない。プロバインが2,000件を超える自然発生的な笑いの事例を調べたところ、大半は冗談などユーモアによるものではなく、「おいジョン。どこ行ってたんだよ？」「メアリーが来た」「テスト、どうだった？」といった発言のあとの笑いだったのである。この種の笑いには絆を強める効果がある。なお、冗談による笑いは全体のわずか20%であった。
- 文の途中で笑うことはめったにない。ふつうは最後に笑う。
- 話し手は聞き手の2倍笑う。
- 女性は男性の2倍以上笑う。
- 笑いと社会的地位の間には相関関係があり、地位が高くなるほど笑わなくなる。

くすぐられて発する笑いと楽しくて発する笑い

ダイアナ・サマイタットらは、くすぐられることによって起きた笑いとそれ以外の原因で起きた笑いの影響を比較しました [Szameitat 2010]。それぞれのケースの笑い声の録音を被験者に聞かせたのです。その結果、くすぐり以外の原因による笑いを聞いた被験者の脳では、内側前頭前皮質が活性化しました。これは通常社会性や感情といった要素を処理している領域です。一方くすぐられて笑った声を聞いたときにもこの同じ領域が活性化しましたが、二次聴覚野も活性化しました。くすぐられたことによる笑いは、それ以外の原因による笑いとは異なって聞こえているようなのです。

笑いはまず動物において触覚への刺激に対する反射のような形で始まり、その後、さまざまな種の間で次第に差が生じてきたのではないか、とサマイタットらは見ています。

★ 人間以外にも笑う動物が

笑いは人間だけのものではありません。チンパンジーはくすぐり合いをするのですが、相手にくすぐるふりをされて笑うことがあるのです。ジャーク・パンクセップは、くすぐられて笑うラットの観察をしています。その様子はYouTubeで見られます。

http://bit.ly/gBYCKt

ポイント

- インターネットでのやり取りの多くはリアルタイムではないため、笑いを活用して社会的絆を強める機会はそれほど多くはないでしょう。
- インターネットでのリアルタイムのやり取りは、笑いを伝えられるようなものであれば今まで以上に絆を強められるでしょう。
- 人を笑わせるのに、ユーモアや冗談は必ずしも必要ではありません。ふつうの会話や受け答えのほうが、意図的なユーモアや冗談より笑いを誘うものです。
- 相手に笑ってほしければ自分から笑うこと。笑いは伝染します。

071
笑顔の真偽は動画のほうが判別しやすい

笑いに関する研究が始められたのは早くも1800年代半ばのことでした。フランス人医師ギヨーム・デュシェンヌが電流を使った実験を行ったのです[Duchenne 1855]。被験者の顔面筋の一部を電流で刺激して、その表情を写真に撮りました（**図71-1**）。これには痛みが伴ったので、苦痛に顔を歪めているような写真が多くなりました。

図71-1　被験者の顔面筋を電気的に刺激して撮影したギヨーム・デュシェンヌの写真

本物？　それとも偽物？

ギヨーム・デュシェンヌは、笑顔にはふたつの種類があることを発見しました。ひとつは大頬骨筋（口の両わきを上げる筋肉）と眼輪筋（頬を上げて目尻にしわを寄せる筋肉）が収縮することによって生じる笑顔です。ふたつの筋肉群がかかわるこの笑顔は「デュシェンヌ・スマイル」と呼ばれています。もうひとつの笑顔「ノンデュシェンヌ・スマイル」では大頬骨筋だけが収縮します。つまり、口角は上がるものの目尻にしわは寄りません。

その後、この説を取り入れて笑いの研究を行った学者が数人いました。そして長い間、

次のように考えられていました――「デュシェンヌ・スマイルこそが本物の笑顔であり、いかにも本物のように見える笑顔を意図的に作ることはできない」。というのも、目尻にしわを寄せる働きをする眼輪筋を意識的に動かせない人が、80％近くもいるからです。笑顔が本物か偽物かに、私たちはなぜこれほどこだわるのでしょうか？　それは意図的に表情を作るような人より、真の感情を素直に表す人のほうが信頼でき、親しみを感じられるからです。

「80％説」への反証

「ほとんどの人は、いかにも本物のように見える笑顔を意図的に作ることができない」という説が正しいかどうかを調べた人がいます。エバ・クラムヒューバーとアントニー・マンステッドです。結果は従来とは逆になりました [Krumhuber 2009]。この実験では被験者に作り笑いをしてもらって写真に撮ったのですが、その83％が本物の笑顔と間違えられたのです。

また、エバ・クラムヒューバーらは写真だけでなくビデオも使って検証しました。その結果、ビデオで作り笑いをするほうが難しいことがわかりましたが、それは目尻のしわのせいではありませんでした。被験者は笑顔の持続時間がどのくらいかとか、じれったさなど幸福感以外の感情が現れるかといった、別の要因に注目して本物と偽物を見分けていたのです。単なるスナップ写真とは違って、ビデオではほほ笑みを長く続けなければならない上、動きを伴うので、作り笑いが見抜かれやすかったわけです。

ポイント

- 動画の笑顔には注意が必要です。写真よりビデオのほうが、本物と偽物の区別がつきやすいからです。「なんだ、作り笑いじゃないか」と思われて、信頼度が下がってしまうのでは困ります。
- 作り笑い、それも目尻にしわを寄せる作り笑いをすることは可能で、これは動画より静止画でのほうが容易です。
- 笑顔が本物かどうかは、幸福感や楽しい気持ちとは相反する感情を見つけることによって判別できます。人は目だけでなく、顔のほかの部分もいろいろと見ているのです。
- 笑顔が本物だと思えるときには、それを見る人の心をとらえ、信頼関係が生じます。

8章 人はどう感じるのか

人は考える動物です。しかし、論理的な考えだけが人間の行動を決めるわけではありません。人間は感情的な動物でもあります。何かをデザインをするときには、利用者の年齢や性別、職業などの社会的経済的な特徴（デモグラフィックス）だけでなく、感情的、心理学的な特徴（サイコグラフィックス）も考慮する必要があります。

072
7つの基本的な感情は万国共通

日々の生活では感情が人の行動を大きく左右しますが、その割には感情に関する研究が少ないのが実情です。こうした研究では「感情」は「ムード」や「態度」とは区別して考えます。

- 「感情」には生理的な現象が伴い、ジェスチャーや表情など身体的な動作によって表現されます。また、ある感情が起こる原因となる特定の出来事があり、多くの場合、その感情が何らかの行動を起こすきっかけとなります。
- 「ムード」は感情より持続時間が長く、1日から2日程度は似たようなムードが続きます。身体的な動作を伴わないことも、原因となる出来事が特定できないこともあります。
- 「態度」は脳の特定の領域、認知や意識に関係する領域と深く結びついています。
- 人間が特定の感情を抱いているとき、脳の特定の領域が活性化することをジョセフ・ルドゥーが明らかにしました [LeDoux 2000]。

表情は万国共通だがジェスチャーは違う

ポール・エクマンは表情から感情を読む専門家です。『顔は口ほどに嘘をつく』[Ekman 2007] や『暴かれる嘘 — 虚偽を見破る対人学』[Ekman 2009] などの著者であり、米国フォックステレビの連続ドラマ『ライ・トゥー・ミー 嘘は真実を語る』のコンサルタントをしています。エクマンは万国共通と思われる感情として次の7つをあげています —— 喜び、悲しみ、軽蔑、恐れ、嫌悪、驚き、怒り（図72-1）。

ポール・エクマンによると、感情を示すのに40の顔面筋が使われます。http://face.paulekman.com/default.aspx で提供されている1時間のオンラインコースを受講すれば、人の感情を示す表情の分析方法が学べます。また、世界各地の研究チームが、表情を自動的に解釈するソフトウェアを開発しています。

こうした表情は世界共通のようですが、こうした表情に伴うサウンド —— 泣き声や笑い声 —— も共通のものが多いようです [Sauter 2010]。しかし感情に伴うジェスチャーは万国共通ではありません。

ポイント

- 喜び、悲しみ、軽蔑、恐れ、嫌悪、驚き、怒りの7つの基本的な感情は万国共通のもので、顔の表情や体の動きで表現されます。

図72-1　ポール・エクマンによる万国共通の7つの感情

- コミュニケーションに画像を利用するなら（たとえばウェブサイトに人の写真を使うなど）、その画像で7つの基本感情のひとつを使い、誤解を生むことなく明確に伝えるようにしましょう。
- 人は写真から7つの基本的な感情をかなり上手に読み取ります。偽りの感情は悟られてしまうことが多いので、表情に真実味のある写真を使いましょう。
- ターゲットにしているユーザーの動機となっている感情を特定しましょう。たとえば、そうしたユーザーのどういった感情が商品購入の背景にあるのか、どういった層のユーザーがどういった感情に後押しされて購入に至っているのかといった分析です。こうした心理学的な切り口に基づいた特徴を「サイコグラフィックス」と呼びます。これに対して、ユーザーの年齢や性別、職業といった社会的経済的な切り口に基づいた特徴を「デモグラフィックス」と呼びます。

073
感情と筋肉の動きは深く結びついている

ボトックス[†]は顔のシワを減らすのに使われる人気の薬剤です。さまざまな筋肉（顔にあるものなど）に注入し、その筋肉を麻痺させることで、シワを緩めます。しばらく前になりますが、ボトックス注射には感情を細かく表現できなくなる副作用があることが判明しました（たとえば、怒っていることやうれしいことを表現する筋肉を動かせなくなります）。最近の研究では、感情を「感じられなくなる」のもボトックス注射の副作用であることが明らかになっています。表情を作る筋肉を動かせないと、その表情に伴う感情を得られないのです。ですからボトックス注射を受けてから、あまり間を置かずに悲しい映画を見ても、悲しいと感じません。悲しい表情をするための筋肉を動かせないからです。筋肉を動かすことと感情を呼び起こすことには、つながりがあるのです。

バーナード大学のジョシュア・デイビスらは、これを確かめる研究 [Davis 2010] を行いました。被験者にボトックスかレスチレンのどちらかを注射しました。レスチレンを注入するとたるんだ皮膚にハリが出ますが、ボトックスと違って筋肉運動を妨げません。被験者に注射の前と後に、感情をかきたてるビデオを見せました。ボトックスのグループは注射のあとで、ビデオに対する情緒反応が鈍りました。

デビッド・ハバスは、微笑むときに使う特定の筋肉を収縮させるよう、被験者に指示しました [Havas 2010]。その筋肉を収縮させると、怒りの感情を呼び起こすのが難しくなりました。眉をひそめるのに使う筋肉を収縮させるよう指示すると、親しみや幸せを感じるのが難しくなりました。

▶ 脳は感情も反映する

特定の感情をもっている人の脳と、そうした人を観察している人の脳を比較すると、同じ領域が活性化しています。これを立証したのが、たとえばニコラ・カネッサのチームによる研究です [Canessa 2009]。fMRIを使ってこの現象を発見しました。ギャンブルをしている人を被験者に見せます。ギャンブルをしている人が損をする決断を下してしまったとき当人は後悔をしますが、その感情が持続している間、脳の特定の領域が活性化されました。一方、その様子を見ていた被験者も、脳の同じ領域が活性化されたのです。

[†] アメリカではボトックス（A型ボツリヌス毒素製剤）を注射することでシワを目立たなくする若返り治療（アンチエイジング）が広く普及している。http://ja.wikipedia.org/wiki/ボツリヌストキシン

ポイント

- 自分の製品や作品を見てもらうなどして、相手が抱く感情を検討しておいたほうがよい場合もあるでしょう。たとえば、悲しい物語を読まされれば、それによって悲しいムードになり、次にとる行動に影響が及ぶかもしれません。
- 意図しない表情をさせてしまうことによって、製品などに対して抱く感情が変わってしまう可能性があるので、気をつけましょう。たとえばウェブサイトの字がとても小さいと、人は目を細め眉をひそめて読むことになります。すると、うれしさや親しみやすさを実感できなくなる可能性があり、望んでいる行動をとってもらうのに支障が出るかもしれません。
- ビデオがもつ力を利用しましょう。人は他人の表情を模倣するので（#064 の「ミラーニューロン」の説明を参照）、幸せそうに微笑んでいる人のビデオを見せれば、それを見ている人を微笑ませる効果があります。そうすればその人は幸せを感じ、それによって次にとる行動が変わるかもしれません。

074
データより物語のほうが説得力がある

　拙著 "Neuro Web Design: What Makes Them Click?" の中で、心的な処理、メンタルな処理の大部分は無意識に行われることを説明しました。こうした無意識に行われる処理について人は（当然ながら）意識をしていないので、（表の意識で）自覚している情報のほうを重視してしまう傾向があります。多岐にわたる情報源があり、さまざまな情報を処理していることを簡単に忘れてしまうのです。感情についてもいろいろな処理を無意識のレベルで行っていることを見過ごしてしまいます。

　顧客との最近のやり取りに関して、各部の部長が集まる会議でプレゼンテーションをすることになったとしましょう。皆さんは25人の顧客に話を聞き、さらに100人を調査し、重要なデータをたくさんもっています。まず考えたのが、データを統計的に処理して概要を示すこと。たとえば次のようなものです。

- ～と言っていたのは、話を聞いた顧客の75%だった。
- ～と指摘したのは調査に応じた顧客のわずか15%だった。

　しかし、このようなデータに基づいた方法は、「物語」（ストーリー）に比べて説得力を欠きます。データを中心にしたい気持ちもあるでしょうが、物語に焦点を当てたほうが強力なプレゼンテーションになります。たとえば、「製品Aの使い方について、サンフランシスコのMさんが次のような話をしてくださいました」と言って、その後にMさんの話を続けるのです。

　データより物語に説得力がある理由のひとつは、「物語は感情的に訴える力が強い」というものです。物語は聞き手の共感を呼び、それにより情緒的な反応を呼び起こすことが多いのです。データだけでなく感情も同時に処理することになります。また、感情は記憶中枢にも働きかけます。

　可能であれば、単にMさんの物語を紹介するだけでなく、Mさん自身にビデオに出演してもらい、直接語りかけてもらいましょう。そうすれば感情的なつながりがさらに強くなります（ビデオを使うとよい理由は7章で詳しく説明しています）。

ポイント

- 情報の中に感情に訴える何かがあれば、その情報を深いレベルで処理するようになり、記憶に残る期間も長くなります。
- 感情的に訴え、共感を呼び起こすメッセージを提示する方策を探しましょう。
- 事実に基づくデータだけでなく物語も加えましょう。場合によっては、データの代わりに物語を用いてみましょう。

075
匂いは感情や記憶を呼び起こす

　ある種の食べ物の匂いがすると何とも言えない感覚がよみがえる —— そんな食べ物はありませんか？　筆者の場合はカーシャという、ソバの実を使った料理です。煎ったソバの実を油で炒めたのち、タマネギ、ニンニクを加えて炊いて、塩とコショウで味を調えます。でも、カーシャを実際に食べたという人にはほとんどお目にかかったことがありません。

　カーシャの匂いをかぐと、顔が自然にほころび幸せな気分になります。母親がよくカーシャを料理していたからです。カーシャの匂いで、懐かしい母の記憶がよみがえるのです。

嗅覚路は特別

　脳の大脳皮質と中脳の間に位置する領域が視床です。視床の機能のひとつが、感覚情報を処理して皮質の適切な部分にその情報を送ることです。たとえば、網膜から来た視覚情報は視床へ行き、そこから一次視覚皮質に送られます。このように感覚はどこよりもまず視床にデータを送るのですが、嗅覚だけは例外です。嗅覚系は視床を通りません。匂いをかぐと、その感覚データはすぐに扁桃体へ行きます。扁桃体は感情に関係する情報を処理する場所です。そのため、人は匂いに感情的な反応を示すのです。花の香りをかぐと幸せな気分になります。腐った肉の臭いは嫌悪感を呼び起こします。扁桃体は脳の記憶中枢のすぐ隣にあります。匂いによって記憶が呼び起こされる理由も、ここにあります。

企業は「香り」を使ってブランドを設定している

アメリカには香りのブランド化を専門としている企業が20社あまり存在し、特定の印象や感情を呼び起こす独特の香りを特定のブランド向けに創り出しています。この産業の年間規模は8,000万ドルと見積もられています。多数のホテルでアロマ装置が使われています。シェラトンはイチジク、ジャスミン、フリージアをミックスした「ウェルカミング・ウォームス」、ウェスティンは「ホワイト・ティー」、マリオットは会議室に「ミーティング・センス」（午前中はリフレッシュ効果の高いオレンジの花のツンとくる香り、午後は地中海の柑橘類、果物、ハーブのミックス）を採用しています。ソニー、サムスン、アバークロンビー＆フィッチ（米国のファッションブランド）などの小売店やカジノもアロマ装置を使っています。アロマ装置のレンタル費用は香りをつける空間の大きさに応

じて変わり、月々100ドルから10,000ドルの幅があります。

ニューヨークにあるパーソンズ大学には、香りについて学ぶことのできる修士課程もあります（http://www.newschool.edu/parsons/mfa-transdiciplinary-design/）。

ポイント

- 特定の記憶や感情、連想を呼び起こす目的で、さまざまな香りが、小売店、ホテル、ショッピングセンターといった場所で使われています。
- 映画館で香りを使う実験が行われたこともあります。また、コンピュータを使ったeラーニングで学習中の人たちを対象にして、香りを使った研究もあります。
- 将来的には、「感情に影響を与える香りの設計」がユーザーエクスペリエンス担当デザイナーの必須技術のひとつになるかもしれません。

076
人は思いがけないことを楽しむよう プログラムされている

拙著 "Neuro Web Design: What Makes Them Click?" の中で、危険となり得るものがないか周囲を見回す「古い脳」の役割について解説しました。これは無意識の古い脳は、今までなかったもの、新しいものを探しているということも意味します。

「予想外」を切望する

グレゴリー・バーンズの研究から、人間の脳は単に予想外のものを「探す」ばかりか、実は「切望する」ことがわかっています [Berns 2001]。

バーンズはコンピュータで制御した装置を用い、被験者の口に水もしくはフルーツジュースを注入したのですが、その間、fMRIで被験者の脳をスキャンしました。被験者はいつ注入されるか予測できる場合と、できない場合がありました。予想では「好き嫌いに応じた脳の活動」が見られるだろうと考えていました。たとえば、ジュース好きな被験者なら側坐核の活動が盛んになるといった具合です。側坐核は人が楽しい経験をしているときに活性化する脳の領域です。

しかし結果は違いました。予想外の注入があったときに、側坐核がもっとも活性化しました。「好みの飲料」ではなく「予想外の出来事」だったのです。

▶ 予期せぬ「よい」出来事 vs. 予期せぬ「不愉快な」出来事

予期せぬ出来事がすべて同等というわけではありません。帰宅して灯りをつけた途端、「誕生日おめでとう！」と声がして、友人がびっくりパーティーを開いてくれたので驚く場合と、自宅で泥棒に遭遇して驚く場合とでは、驚きの種類がまったく違います。

マリーナ・ベローバの研究チームは、こうした2種類の予期せぬ出来事について、脳の異なる領域が処理に当たるのかどうかを調査しました [Belova 2007]。

猿を使った扁桃体（感情が処理される脳の領域）の調査で、扁桃体におけるニューロンの電気的活性を記録したのです。猿が喜ぶものとしては1杯の飲料水、嫌がるものとしては顔への空気の吹きつけを使いました。

その結果、飲料水に反応するニューロンがあり、それとは別のニューロンが空気の吹きつけに反応しましたが、特定のニューロンが両方に反応するといったことは起こりませんでした。

ポイント

- 今までになかったもの、新しいものは人の注意を引きます。
- 何か予想外のものを提供すれば、注意を引くだけでなく、実際に楽しい気持ちを引き起こせます。
- 人が何らかの作業を完了する場所（ウェブサイトなど）なら、その場所にある程度の一貫性が望まれますが、何か新しいことに挑戦してもらいたい場合や、再訪してもらいたい場合は、新しく予想外のコンテンツやインタラクションを提供すると効果的です。

077
人は忙しいほうが満足を感じる

次のような場面を想像してください。皆さんが乗った飛行機がたった今、空港に着陸し、これから手荷物受取所へ歩いて行って荷物を受け取らなければなりません。受取所まで徒歩で12分かかります。受取所に行くと、荷物がちょうど円形コンベヤーに載って出てくるところでした。イライラ度はどれくらいでしょう？

これを次のものと比べてください。今、空港に着いたところで、手荷物受取所の円形コンベヤーまで徒歩で2分かかります。受取所で立ったまま10分待つと、荷物が出てきました。今度はどれくらいイライラしていますか？

荷物を受け取るまでにかかった時間はどちらも12分ですが、突っ立って待たなくてはならなかった2番目のほうが、イライラの度合いがはるかに大きいのではないでしょうか。

人には口実が必要

クリストファー・シーが同僚と行った研究で、人は忙しいほうが幸せだということが明らかになりました [Hsee 2010]。これには多少の矛盾があります。6章の#057で「人は怠け者だ」と書きました。活動する理由がないかぎり、人は何もしないほうを選んでエネルギーを節約するのです。しかし何もしないと、イライラして落ち込んだ気分になります。

クリストファー・シーの研究チームは、被験者に次のふたつの選択肢を与えました。記入したアンケートを徒歩で往復15分かかる場所に届けるか、部屋のすぐ外に出てから15分間待って提出するかです。一部の被験者には、どちらを選択しても同じ菓子を与え、その他の被験者には選択次第で異なる菓子を与えました（菓子はどちらも同等の魅力があると判定されたものを用いました）。

両方の場所で同じ菓子が与えられると、被験者の多数（68%）が部屋のすぐ外にアンケートを届けるほう（「怠け者」の選択肢）を選びました。被験者の最初の反応は楽な仕事をすることでしたが、「異なる菓子」という遠くまで歩く理由ができると、大部分の被験者が「頑張る」ほうを選択しました。実験後の報告によると、長く歩いたほうの被験者は怠けていた学生に比べて、はるかに満足度が高かったのです。別の実験では、被験者は「頑張る」もしくは「怠ける」に割り当てられました（つまり、被験者に選択権はありませんでした）。ここでも「頑張った」被験者のほうが高い満足度を報告しました。

次の実験では、被験者にブレスレットを観察するよう求めました。その後で、何もし

ないで15分待つか（被験者は次の実験が始まるまで待っているのだと思っていました）、待っている15分の間にブレスレットを分解して、組み直すかの選択肢を与えました。ブレスレットを元どおりの状態に組み立ててもよいと言われた被験者と、デザインを変えてもよいと言われた被験者がいました。

　元どおりの状態に組み立ててもよいと言われた被験者は、何もせずに座っているほうを選びました。しかし新しいデザインのブレスレットに組み直してもよいと言われた被験者は、何もせずに座っているより、ブレスレットのデザインを変更するほうを選びました。前回同様、何もしないで座っていた被験者と比べて、ブレスレットの組み直しに励みながら15分を過ごした被験者のほうが、高い満足度を得ることができました。

ポイント

- 人は何もしないでいることを好みません。
- 何もしないでいるより、作業を選ぶ意志が人にはありますが、「価値のある作業」とみなされるものである必要があります。時間つぶしの作業だと見抜いたら、何もしないでいるほうを選びます。
- 忙しい人のほうが満足感を得ています。
- 何かをしてもらうのに待ち時間が伴うなら、待つ間、飽きずにやってもらえることを用意したほうがよいでしょう。

078
牧歌的な風景を見ると幸せな気分になる

　ホテル、個人の家、事務所、美術館、画廊など、壁に絵や写真が飾られている場所を訪れたときに目にすることが多いのは、**図78-1**のようなものでしょう。

図78-1　スタニスラフ・ポビトフ作『河畔の夕暮れ』。牧歌的な風景を好むのは私たちの進化の一部である

　"The Art Instinct" [Dutton 1998] の著者である哲学者のデニス・ダットンによると、この種の絵をたびたび目にするのは更新世（約170万年前から約1万年前。人類が出現した時期）に起きた進化が原因で、私たちがこうした絵に魅力を感じるからだそうです[†]。典型的な風景には丘、水、木々（捕食者がやってきたら身を隠すのに最適）、鳥、動物、遠くへと続く道が描かれています。保護してくれるもの、水、食物があり、人間にとっては理想的なのです。「美」に関してダットンは「我々は特定の種類の美を生活の中で必要とするように進化を遂げてきて、こうした風景などに引き寄せられることが種として生き残るのに役立った」という理論を展開しています。このような風景の芸術作品はあらゆる文化で評価されており、地理的な理由からそうした場所に住んだことがない人々でさえ高く評価しているとのことです。

† http://bit.ly/clj9uo でデニス・ダットンの講演を見ることができます（日本語字幕あり）。

牧歌的な風景によって「注意力が復活」

マーク・バーマンの研究チームはまず被験者に「逆唱」をさせました[Berman 2008]。注意力（ある事柄に気持ちを集中させる能力）を測定する「数唱」と呼ばれるテストがあり、これには唱えられる数字列を記憶してそのまま繰り返す「順唱」と逆順に繰り返す「逆唱」があります。逆唱に続いて被験者には、注意力を低下させるような作業をさせました。その後、一部の被験者にはミシガン州アナーバーの繁華街を、また別の一部の被験者にはアナーバーにある植物園を歩いてもらいました。植物園には木々と広い芝生があります（つまり、牧歌的な環境です）。歩いた後、再び逆唱をしてもらったところ、植物園を歩いた被験者のほうが高得点を上げました。研究チームの一員であるスティーブン・カプランはこれを「注意力回復療法」と名付けました。

ロジャー・ウルリッヒによると、入院中、部屋の窓から自然の風景が見えた患者のほうが、レンガ塀を見ていた患者よりも入院日数が短く、鎮痛剤も少なくて済んだそうです[Ulrich 1984]。

ピーター・カーンの研究チームは、職場で自然の風景を使ったテストを行いました[Kahn 2009]。被験者に作業をしてもらったオフィスには自然の風景が見えるガラス窓がありました。第1のグループにはその窓のそばに座ってもらいました。第2のグループにも似たような風景を見せましたが、それは窓からの景色ではなく、そうした風景を撮影したビデオでした。第3のグループには無地の壁のそばに座ってもらいました。そして心拍数とストレスレベルを常時測定、監視しました。

ビデオを見た被験者は気分がよくなったと言いましたが、心拍数の点では壁のそばに座った被験者と差がありませんでした。ガラス窓のそばにいた被験者の心拍数は実際に他の2グループより良好な健康状態を示し、このグループはストレスからの回復力でも他を上回っていました。

ポイント

- 人は牧歌的な風景を好みます。ウェブサイトに自然の風景を入れるなら牧歌的な風景がよいかもしれません。
- ネット上で牧歌的な風景が使われていれば、ユーザーはそれに惹かれ、幸福感も増しますが、実際に窓の外の自然を眺めたり、そうした場所を歩いたりするほどの効果はありません。

079
人はまず「見た目」と「感じ」で信用するか否かを決める

　ウェブデザインとサイトの信頼度の関係についての調査はまだあまりありません。さまざまな見解は表明されていますが、必ずしも客観的なデータがそろっているわけではないのです。ただ、エリザベス・シレンスの研究チームが、健康に関するウェブサイトに関しては充実したデータを提供しています [Sillence 2004]。

　この研究チームが調べたのは、信用できそうな健康関連のウェブサイトを取捨選択する方法とそのウェブサイトを信用するか否かを決める方法でした。被験者は全員が高血圧症の患者でした。被験者には高血圧に関する情報をウェブで探してもらいました。

　その結果、「信用できない」という理由で拒絶されたウェブサイトについて、被験者の意見の83%がデザインに関連していました。見た目の第一印象、文字のサイズ、ナビゲーション、色、サイトの名称などといったことに関する不満をあげたのです。

　ウェブサイトが信頼に値するという決定のよりどころとなった特徴については、74%がそのサイトのデザイン要素ではなく内容をあげました。被験者が選んだのは評判のよい有名な組織のサイトで、医療の専門家が書いたアドバイスが掲載されていましたが、そのアドバイスには高血圧症の患者だけを対象とした情報が盛り込まれていて、被験者は「自分たちのような者のために書かれたアドバイスだ」と感じました。

➡ 人の幸福ともっとも相関が高いのは信頼

「いちばん幸せな人」が知りたいなら、「心の中が信頼で満ちている人」を探しましょう。エリック・ワイナーは、幸せな人々が暮らす国とその理由を調査しながら世界を旅したときの様子を2009年に本にまとめています [Weiner 2009]。ワイナーの発見をいくつかあげてみましょう。

- 外向的な人は内向的な人より幸せ
- 楽観主義者は悲観論者より幸せ
- 既婚者は独身者より幸せだが、子どもの有無による違いはない
- 共和党員は民主党員より幸せ
- 教会に通う人は通わない人より幸せ
- 大卒の人は大学を卒業していない人よりも幸せだが、それを超える学歴をもつ人は大卒の人ほど幸せではない
- 性生活が充実している人は、性生活がない人より幸せ
- 女性と男性は同じくらい幸せだが、女性のほうが感情の振れ幅が大きい

- 浮気をすると幸せになるが、配偶者に見つかって捨てられれば幸せではなくなる
- 通勤中は幸福度が最低になる
- 忙しい人は、することがほとんどない人より幸せ
- 裕福な人は貧しい人より幸せだが、その差はごくわずか
- アイスランドとデンマークは「幸福な人々が暮らす国」に入っている
- 幸福度が変動する理由の70％は人間関係にある

面白いことに、数々の要素のうち幸福度との関係がもっとも強いのは、信頼（たとえば自国や自国の政府に対する信頼）の有無です。

ポイント

- 人は「信用できない」という判断を素早く下します。まず拒絶すべきウェブサイトを排除してから、残ったサイトについて信用すべきかどうかの検討に入ります。
- その最初の「信用拒否」の段階でふるい落とされないためには、色やフォント、レイアウト、ナビゲーションといったデザイン要素がきわめて重要です。
- 最初の判断の段階を首尾よく通過したウェブサイトが信頼を勝ち取るか否かは、そのサイトの内容と信憑性によって決まります。

080
大好きな音楽でドーパミンが放出

音楽を聴いていたらゾクゾクするほど感動した。そんな経験はありませんか？ バレリー・サリンプアらが行った実験で、音楽を聴いていると神経伝達物質のドーパミンが放出される場合のあることが明らかになりました [Salimpoor 2011]。そうした音楽のことを考えるだけでドーパミンが放出されることもあります。

この実験ではPET（ポジトロン断層法）やfMRI、心拍数の測定などの精神生理学的な計測法によって、被験者が音楽を聴いているときの反応を調べました。被験者には「ゾクゾクするほど感動する音楽」を持ち寄ってもらいましたが、ジャンルはクラシック、フォーク、ジャズ、電子音楽、ロック、ポップ、タンゴなどさまざまでした。

感動 vs. 感動の予感

この実験で、被験者が「ゾクゾクするほど感動する音楽」を聴いている最中の脳と体の活動パターンは、「報酬」が得られて快感を覚えたときのパターンと同じでした。実際に曲を聴いて感動したときには脳の線条体でドーパミンが放出されましたが、お気に入りの曲の特に好きなフレーズのことを考えただけでもドーパミンは放出されました（ただし後者の場合、ドーパミンの放出が認められたのは脳のまた別の領域、側坐核においてでした）。

ポイント

- 音楽を聴いていて、とても感動したり愉快になったりすることがあるものです。そうした高揚感の湧いてくるお気に入りの音楽が誰にでもあるでしょう。
- しかし音楽の好みは十人十色ですから、ある曲である人が感動したり愉快な気分になったりしたからといって、ほかの人もそうなるとはかぎりません。
- お気に入りの曲の大好きなフレーズを思い浮かべたときと、その曲を実際に聴いたときでは、活性化する脳の領域や神経伝達物質が異なります。
- ウェブサイトや製品、デザイン、活動などで、ユーザーや参加者がお気に入りの音楽を使ったり追加したりできるようにすれば、楽しめるばかりか「ハマって」しまう人まで出るかもしれません。

081
達成が難しいことほど愛着を感じる

　北米の大学には「フラタニティ」と呼ばれる学生の社交団体がありますが、その中には入会に際して難しい「儀式」をこなさなければならないところもあります。このように加入の難しい組織に対して、加入後にメンバーが抱く愛着は、加入がそれほど難しくない組織の場合に比べて強くなるという説があります。

　加入の儀式が持つこうした効果を実験で初めて立証したのがスタンフォード大学のエリオット・アロンソンです [Aronson 1959]。アロンソンは入会の筋書きを3種類用意しました。「厳しい」「ほどほど」「簡単」の3種類です（とはいえ、「厳しい」も実際にはそれほど厳しいものではありませんでした）。そしてこれを被験者に無作為に割り当てました。すると、入会が難しかった団体ほど、愛着が強くなることが判明したのです。

「認知的不協和」理論

　社会心理学者レオン・フェスティンガーは「認知的不協和」という理論を打ち立てました [Festinger 1956]。エリオット・アロンソンはこの理論を使って、加入の難しい団体ほど入会後に強い愛着を持つようになる理由を説明しています。こういう団体は、加入するためにさんざん苦労をしたのに、いざ入ってみるとそれほど刺激的でも面白くもないことが判明しますが、そうなると本人の思考過程に葛藤（不協和）が生じます。「退屈で面白くない団体なら、なぜ自分は好き好んであんな苦労をしたのか」というわけです。そしてこうした不協和を和らげるため、「この団体はとても重要で価値があるのだ」と決めつけます。こうすれば進んで苦労をしたことも、それなりに筋が通るようになるからです。

希少性と排他性

　加入の難しい組織ほど、のちのち愛着を感じるという現象は、「認知的不協和」理論だけでなく「希少性」でも説明できると思います。加入の難しい団体なら、大勢が加入できるわけではありませんから、「加入できないと落ちこぼれる」と感じるでしょう。そこで、たとえ辛い体験をしなければならなくても、それなりに価値のあることに違いないと思えるのです。

ポイント

- 「ウェブサイトや製品、アプリケーションを使いにくくしましょう。そうすれば、ユーザーは苦心した分、かえって愛着を感じてくれるようになりますよ」などと提言するつもりはさらさらないのですが、ことによっては当てはまる場合もあるかもしれません。
- 自分が作ったオンラインコミュニティを大勢の人に利用してもらいたければ、加入手続きを複雑にしてみてもよいかもしれません。そうすればその分、使用頻度が増し、コミュニティの評価も上がるかもしれません。登録申し込みのフォームに記入する必要があったり、特定の基準を満たさなければならなかったり、すでに登録しているメンバーの招待が必要だったり、といったことはどれも加入に際しての障壁とも言えるでしょうが、そのおかげでかえって、加入後メンバーが感じてくれる愛着が強くなる可能性はあります。

082
将来の出来事に対する自分の反応を大げさに予測する傾向

　思考に関する実験をしましょう。1から10までの尺度（1が最低で10が最高）で皆さんの現在の幸福度を評価し、それを書き留めておいてください。さて、今日、宝くじが当たったとします。何億円もの大金が転がり込んできました。今晩寝床に入るときの幸福度はいくつですか？　その数字も書き留めておいてください。さらに、今日宝くじが当たって何億円も手に入ったら、2年後の幸福度はいくつになっていると思いますか？

予測は当てにならない

　ダニエル・ギルバートは著書『幸せはいつもちょっと先にある —— 期待と妄想の心理学』で、被験者に、ある出来事に対する自分の情緒的な反応を予想してもらうという調査を紹介しています [Gilbert 2007]。その調査では、嬉しい出来事や不愉快な出来事が起こるとどのように自分が反応するかを予測してもらいました。その結果「嬉しい出来事についても不愉快な出来事についても、自分の反応を大げさに予測する傾向がある」ことがわかりました。マイナスの出来事（失職、事故、大切な人の死など）であれ、プラスの出来事（あこがれの仕事につく、理想のパートナーと出会う、大金が手に入るなど）であれ、誰もが人生で遭遇する出来事への自分の反応を誇張して予測する傾向があるのです。マイナスの出来事なら、ひどく打ちのめされて長い間立ち直れないだろうと、またプラスの出来事なら、いつまでも有頂天になっているだろうと予測するわけです。

生来の調整装置

　実際はどう感じるのかというと、人には生来の調整装置があるため、マイナスの出来事が起ころうがプラスの出来事が起ころうが幸福度はたいていほぼ一定のレベルに保たれています。ほかの人より概して幸せな人もいれば、そうでない人もいますが、各自の幸せのレベルは何が起ころうと変わりません。つまり、自分の将来の幸福度を予測してみたところで、あまり当てにはならないということなのです。

ポイント

- 顧客から「製品やデザインを○○のように変えてくれたら、とてもうれしい」とか、「そんな風に変えたら二度と使わない」とか言われても鵜呑みにしてはなりません。
- 好みの違いもありますが、顧客の反応はプラスであれマイナスであれ、おそらく本人が思っているほど強いものではないのです。

083
出来事の最中より
その前後のほうが前向き

想像してみてください。皆さんは数か月後に妹とバミューダ諸島へ遊びに行く計画を立てています。最低でも週に一度は電話をかけて、ダイビングのことやホテルに近いレストランのことなどを相談しています。ずいぶん前からとても楽しみにしているのです。

これを本物の旅行の体験と比べてみてください。楽しみにしていたときのほうがよかったと思った経験があるのではないでしょうか。テレンス・ミッチェルらはこういう状況について実際に調査をしてみました [Mitchell 1997]。対象はヨーロッパ旅行をした人、感謝祭†の日から週末にかけて短い旅行をした人、3週間をかけてカリフォルニアで自転車ツアーをした人です。

その結果、次のことがわかりました。出発前まではとても楽しみで前向きな気分でしたが、いざ出かけてみると、旅行そのものに対する評価が出発前より少し下がりました。旅行にはちょっとした期待はずれな出来事がつきものですから、それに水を差された形になって出発前より旅行そのものに対する評価が全般に下がってしまったのです。ところが面白いことに帰宅して数日経つと、「とても楽しかった旅行の記憶」が定着しました。

† 感謝祭（Thanksgiving Day）はアメリカおよびカナダの祝日。アメリカでは11月の第4木曜日、カナダでは10月の第2月曜日。日本の正月のように親族や友人が集まることが多い。

▶ 素晴らしい休暇を過ごし、楽しい思い出を作る方法

ここでは休暇を題材にしたので、休暇を最大限に楽しむのに役立つ面白い情報を紹介しておきましょう。さまざまな調査の結果から抜粋したものです。

- 長い休暇を1回とるより、短い休暇を何回かとったほうが楽しめる
- 長期記憶に影響するのは、休暇の「最初」や「半ば」より「締めくくり」
- 強烈な体験や「至高体験」をすると、必ずしもプラスのものでなくても、その旅行は楽しい思い出として記憶に残る可能性が高くなる
- 旅行に邪魔が入ると、それ以外の部分の印象がかえってよくなる

ポイント

- 宝くじを当てる、旅をする、イベントを企画する、家を建てる、といった目標で将来の計画を立てるためのインタフェースをデザインする場合、計画を練るのにかかる時間を長くすればするほど、ユーザーはその時間を楽しめるかもしれません。
- 皆さんが作った製品やウェブサイトの満足度などをユーザーに評価してもらう場合、使用している最中より2〜3日後のほうが好意的な評価が得られるということを理解しておきましょう。

084 悲しみや不安を感じているときは馴染みのものがありがたい

　金曜の午後。上司に呼ばれ、プロジェクトについて皆さんが書いた最新の報告書をこき下ろされてしまいました。上司にはこのプロジェクトに問題があることを再三知らせていましたし、スタッフの増員も要請していたのですが。そうしたこれまでの気遣いがすべて無視されてしまったように感じられました。おまけに上司からはこんなことまで言われてしまったのです──「きみ、こんなことじゃ立場が危うくなって、クビだって飛びかねないからね」。皆さんは帰宅途中、食料品店に立ち寄りました。悲しくて不安な気分です。いつも買っているシリアルを買いますか？　それともまだ買ったことがないものを試してみますか？

人は馴染みのあるものを求める

　オランダにあるラドバウド大学のマリエク・ド・フリースが行った調査によると、このようなときには馴染みのブランドを買うそうです [De Vries 2010]。人が悲しみや不安を感じているときには馴染みのあるものを欲するということが立証されたのです。これまでとは違ったものを試してみたいという気になるのは、馴染みの有無にそれほどこだわらずにいられる幸せな気分のときなのです。

馴染みのあるものを求めるのは喪失への恐れから

　このように馴染みのあるものを欲したり、いつものブランドを選んだりする傾向は、喪失への根源的な恐れと関係しているのではないかと思われます。拙著 *"Neuro Web Design: What Makes Them Click?"* でも喪失への恐れについて紹介しましたが、悲しみや不安を感じているときには古い脳（#076 参照）と中脳（感情をつかさどる領域）が警戒体勢に入ります。自己防衛の必要があるからです。こんなときに安全を確保する手っ取り早い方法が、既知のものを選ぶという行動なのです。ブランドやロゴのイメージが定着している商品には親近感を覚えます。ですから人は悲しみや不安を感じているときにはお馴染みのブランドやロゴを選ぶわけです。

➡ 人の気分は容易に変えられる

人の気分を変えるのは（特に短期的には）とても簡単であることがわかっています。「短期的」とは言っても、たとえばウェブサイトで商品を買ってもらうのには十分な時間です。#095で詳しく紹介していますが、マリエク・ド・フリースが行った実験では、一方の被験者グループに楽しい映画を見せ、もう一方のグループには悲しい映画を見せました。被験者にも尋ねてみたところ、楽しい映画を見たグループはとても愉快な気分になり、悲しい映画を見たグループはかなり落ち込んだと報告しています。このように変化した気分は、実験終了まで被験者の行動に影響を及ぼしました。

ポイント

- ブランドは「近道」となります。あるブランドに関して過去にプラスの経験をしていると、そのブランドは「古い脳」にとっては「安全」の信号となるのです。
- オンラインではブランドの重要性がさらに高まります。実際の製品を見たり触れたりできないため、その代役を果たしてくれるのがブランドというわけです。つまりオンラインで買い物をするときにはブランドが大きな影響力をもつのです。
- 皆さんのブランドのイメージが確立している場合は、恐れや喪失を伝えるメッセージを利用すると説得力が増すかもしれません。
- 皆さんのブランドのイメージがまだ確立していない場合は、楽しさや幸福感を伝えるメッセージを利用すると説得力が増すかもしれません。

9章 間違えない人はいない

過ちは人の常、許すは神の業
――アレキサンダー・ポープ

人は過ちを犯すものです。人為的なエラーの影響を受けないシステムを構築しようとしても、それは不可能です。この章では人間が犯す間違い（ヒューマンエラー）の原因、種類、対処法を見ていきます。

085
人間にノーミスはあり得ないし問題ゼロの製品も存在しない

　筆者はコンピュータのエラーメッセージを集めています。まあ、趣味のコレクションといったものなのですが、中には昔懐かしいMS-DOSなどの「コマンドベース」のシステムのものまであります。こうしたメッセージは発生したエラーの内容を表示するためにプログラマーが用意したもので、「受け狙い」ではなくてもかなり笑えるものが多く、中にはわざとふざけた言い回しのものもあります。筆者のお気に入りはテキサス州の企業のもの。「致命的なエラー」が生じたとき、つまりシステムが動かなくなってしまいそうなときに、こんなメッセージが表示されるのです——「ヘンリー、シャットダウンしろ。彼女がぶち切れるぞ！」

エラーを想定する

　間違いは必ず起こる。これが現実です。ユーザーがコンピュータの操作を誤る。ソフトウェア会社が発売した製品にバグがあった。ユーザーのニーズがわかっていない設計者が使いものにならない代物を開発した。などなど、誰もが間違いを犯すのです。

　「不具合は一切なく人為ミスも起こらない」と保証できるようなシステムを作ることは極めて困難である。というよりも、不可能です。スリーマイル島、チェルノブイリ、ブリティッシュペトロリアム（BP）社の人たちに聞いてみればわかります。代償の大きなミスほど避けなければならず、ミスを避ける必要が大きければ大きいほどシステムの設計には費用がかかります。原子力発電所、海底油田掘削装置、医療機器など絶対に人為ミスを回避しなければならないものを設計する際には、万全の備えが必要です。テストを通常の何倍にも増やし、訓練期間も何倍も長くしなくてはなりません。「フェイルセーフなシステム」の設計は高くつきます。それでいて完璧なシステムなどあり得ないのです。

エラーメッセージがないことこそが最高のエラーメッセージ

　ソフトウェアや機器の設計において、エラーメッセージの作成に多くの時間やエネルギーが割かれることはありません。そしておそらく、そうであるのが「正しい」のでしょう。結局のところ「エラーメッセージがないことこそが最高のエラーメッセージ」、つまり「誰もミスをしないようなシステムを設計するのが理想」なのです。とはいえ何か問題が生じたとき、どう対処すべきかがわかるようにしておくことは大切です。

エラーメッセージの書き方

自分がデザインした製品にエラーが生じ、それをユーザーに知らせる必要が生じた場合を想定してエラーメッセージを用意するわけですが、その際、次の要件を満たすよう注意しましょう。

- ユーザーが何をしたのかを告げる
- 発生した問題を説明する
- 修正方法を指示する
- 受動態ではなく能動態を使い、平易な言葉で書く
- 例を示す

次は不適切なエラーメッセージの例です。

#402 請求書の支払いが行われる前には、支払いの日付は請求書の日付より後になっている必要があります。

これを次のように修正すればわかりやすいものになります。

請求書作成日より支払い日のほうが前になっています。日付を確認して、請求書作成日より支払い日が後になるよう、入力し直してください。

ポイント

- 起こり得る誤りの種類や内容を事前に考えておきましょう。自分が設計した製品のユーザーが犯しそうな誤りの種類をできるかぎり予想してみるのです。そうした誤りを未然に防ぎましょう。
- 設計後にプロトタイプを作り、人に使ってもらって、どのような誤りが起こり得るかを見ましょう。プロトタイプのテストは、想定されるユーザーにやってもらう必要があります。たとえば看護師のための製品なら、身近にいる部下などではなく病院の看護師にテストしてもらうのです。
- エラーメッセージは平易な言葉を使い、前述のガイドラインに従って明快に書きましょう。

086
ストレスを感じているときには間違いを犯しやすい

しばらく前、出張でシカゴ郊外のホテルに滞在していたときのことです。同行していた19歳の娘が激痛に襲われました。1週間前から調子が悪く、日ごとに異なる症状を訴えていたのですが、その朝はあらゆる症状が悪化して、耳の鼓膜が破れんばかりに痛み始めました。クライアントとの打ち合わせを取り消し、娘を救急病院に連れて行くべきか？ 出張先でしたから、まずはその保険会社に電話をし、保険がカバーしてくれる範囲内で診察を受けられる医師がいるかどうかを聞かなくてはなりませんでした。すると顧客サービスの担当者からあるウェブサイトを紹介され、「そのサイトに掲載されている医師であれば誰でも大丈夫です」と言われました。

ストレスを感じている状態でウェブサイトを使う

背後では娘がうめき声を上げています。筆者は電話で教えられたウェブページを開いてみましたが、最初のページの最初の欄で立ち往生してしまいました。契約している医療保険の種類を聞かれたからです（**図86-1**）。

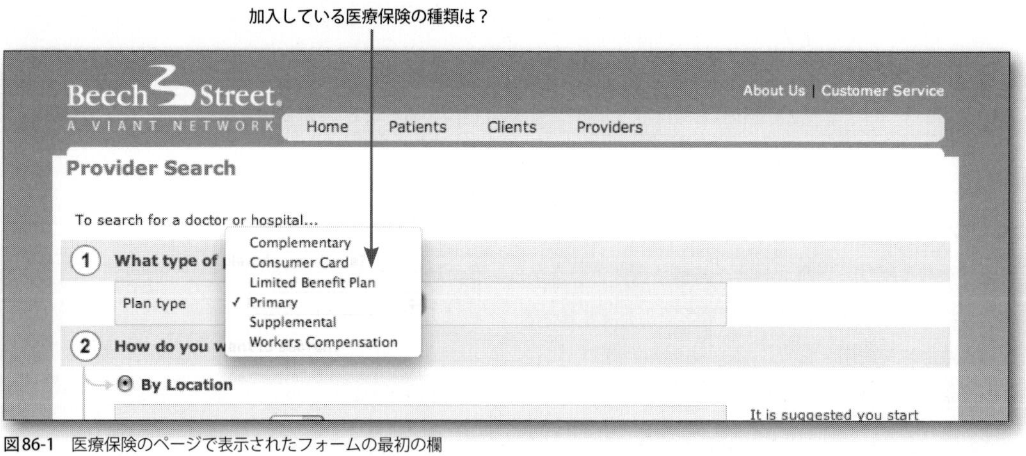

図86-1　医療保険のページで表示されたフォームの最初の欄

その場ではわからなかったので初期設定「Primary（基本プラン）」のままにし、次の欄に移りました。娘は相変わらずうめき声を上げています。次は検索方法を選ばなくてはなりません。フォームに入力し、検索ボタンを押すと、エラーを告げる画面が現れました。このやり取りを数回繰り返しました。しかしクライアントとの打ち合わせに出発しなくてはならない時刻になってしまいました。どうしよう？ ストレスが増すにつれて、

フォームの入力にますます手間取るようになってきました。そこであきらめ、娘に鎮痛剤を与え、耳に蒸しタオルをあててやり、テレビをつけてリモコンを渡し、クライアントとの打ち合わせに向かいました。そして、後で冷静な状態になってから娘を病院へ連れて行きました。

　後日、自宅のパソコンで例のウェブページをもう一度開いてみました。何日か経って見てみると、確かに使い勝手とデザインにやや問題があるものの、全体としてはそれほどややこしいものではありませんでした。激しいストレスを感じていたときはすぐに理解できず圧倒されてしまって、うまく使えなかったのです。

ヤーキーズ・ドットソンの法則

　ストレスに関する研究によると、多少のストレス（心理学の用語では「覚醒」という言葉が使われます）があると注意力が高まるため、作業効率（パフォーマンス）も高まりますが、ストレスが強すぎると今度は低下してしまいます。こうした覚醒と作業効率の関係を提唱したのが心理学者であるロバート・ヤーキーズとジョン・ドットソンのふたりです [Yerkes 1908]。そのためこの関係は100年以上を経た今でも「ヤーキーズ・ドットソンの法則」と呼ばれています（**図86-2**）。

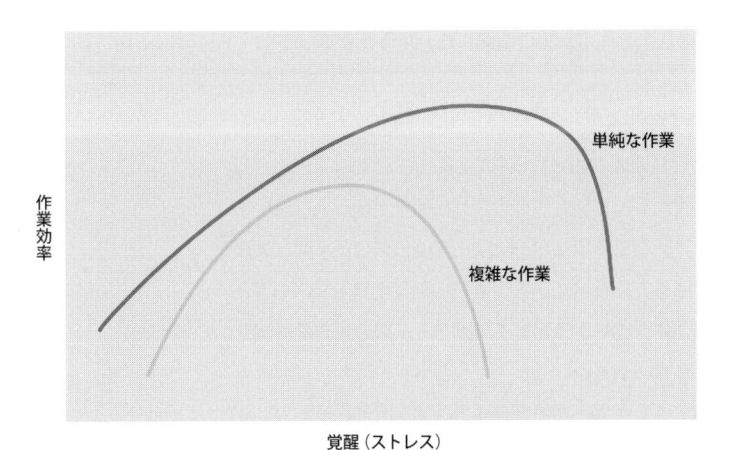

図86-2　ヤーキーズ・ドットソンの法則

覚醒もある程度までは有効

ヤーキーズ・ドットソンの法則によると、心理的・精神的な覚醒（ストレス）に伴って作業効率はある程度までは向上しますが、覚醒レベルが高くなりすぎると低下していきます。最適な覚醒レベルは作業の難易度によって変わるそうです。難しい作業は比較的低い覚醒レベルで最高に達し、覚醒レベルが高くなりすぎると低下し始めます。やさしい作業に必要な覚醒レベルは難しい作業の場合より高く、作業効率の低下が始まるのも難しい作業の場合ほど早くはありません。

無駄な繰り返し

覚醒レベルが上昇していくと、注意力が高まるために「活性化」が起こります。しかしストレスがさらに増していくと弊害が生じます。注意力が散漫になり、記憶力が低下し、問題解決力が鈍り、同じ作業を（うまくいかなくても）何度も続けてしまいます。

▶ ヤーキーズ・ドットソンの法則の実証

ソニア・ルピアンらはストレスに関連するホルモン「グルココルチコイド」と記憶力の関係を調べました [Lupien 2007]。それによると、血中のグルココルチコイドの量を測定したところ、ヤーキーズ・ドットソンの法則と同じ山型の曲線になったそうです。

作業に伴うストレスは意外に大きい

自分の設計した製品がストレスなしの環境で使われるものと思ってはなりません。設計者から見てストレスにならないと思えることでも、その製品を現場で使う人は強いストレスを感じるかもしれないのです。子どもの誕生パーティーを明日にひかえて、真夜中にプレゼントのおもちゃを組み立てるというのはストレスのたまる作業です。顧客と通話中または面談中に画面のフォームに入力しようとするのはストレスの大きな作業です。多くの医療現場はストレスに満ちています。

筆者の顧客に医療関連データのパソコン入力作業を管理する仕事をしている人がいます。その人は「ただのフォームですよ」と言うのですが、実際にフォームへの入力作業を行っている作業員たちに感想を尋ねたところ、「間違えやしないか、とても心配です。私が間違ったせいで誰かが保険の支払いを受けられなかったらどうしましょう」といった答えが返ってきました。この人たちは大きな責任を感じているわけで、これはストレ

スのたまる状況です。

⭐ ストレスに対する反応には性差がある

リンゼイ・クレアらは、ストレスの多い作業を行っている最中にコーヒー（カフェインレスではないもの）を飲んでもらって、飲まなかった場合と比較するという実験を行いました [St. Claire 2010]。この結果、男性はコーヒーを飲むと作業効率が低下しましたが、女性は飲まなかった場合より作業が早く終わったそうです。

⭐ 甘いものとセックスにはストレスを減じる効果が

イボンヌ・ウルリッヒ・ライらはラットに砂糖入りの飲み物を与え、ストレスに対する反応を測定しました [Ulrich-Lai 2010]。その結果、砂糖入りの飲み物によって扁桃体の活動が抑制され、ストレスに関与するホルモンやストレスによる心血管系への影響が減ることが確認できました。また、性行為にも同様の効果がありました。

➡ 目標が大きくなるとなかなか達成できない

2010年夏、ニューヨーク・ヤンキースのアレックス・ロドリゲス選手は通算600本塁打に迫っていました。しかし7月22日に599号を打ってから、次の1本が出るまでに2週間近くもかかってしまいました。しかも目標達成の間際で足踏みしたのはこれが初めてではありません。さかのぼって2007年、499号を打ってから500号が出るまでに同じ苦労を味わっていたのです。

これは目標が大きいとなかなか達成できなくなる現象の一例で、磨き抜いた技をもつ人に起こりがちな問題です。練習を重ねて身につけた技は無意識にできるようになっているのですが、大きな目標を目前にすると往々にして頭を使ってしまうのです。技能を細かく分析するのは初心者にとっては有効ですが、ベテランの場合はかえって足を引っ張られることになりかねません。

ポイント

- 退屈な作業をしているときは、音や色、動きなどで覚醒レベルを上げてあげるとよいでしょう。
- 難しい作業をしているときは、その作業に直接関係する場合を除き、色や音、動きなど気が散る要素を除いて覚醒（ストレス）レベルを下げてあげる必要があります。
- 人はストレスを感じていると画面上で起こっていることが目に入らず、たとえうまくいかなくても同じことを何度も繰り返してしまう傾向があります。
- どのような状況でストレスが強まるか調べてみましょう。サイトに何度もアクセスしてみたり、自分が設計した製品を使っている人を観察して意見を聞いたりしてストレスのレベルを見定め、ストレスがかかるようであればデザインを修正しましょう。
- ある技に熟達した人でも、ストレスがかかると、足を引っ張られてうまくいかなくなることがあります。

087
エラーはすべてが悪いとは かぎらない

　ディミトリ・ファン・デル・リンデンらは、人がコンピュータなどの電子機器を使いこなそうとするときに、どのような手法をとり、どのような結果が生じるかを追跡する研究を行いました [Van Der Linden 2001]。その結果から「エラーを犯すことによって何らかの結果が生じるが、すべての結果が悪いものであるとはかぎらない」ということが明らかになったとしています。エラーを犯すことでその人にとってマイナスになる結果が生じてしまう可能性はたしかにあるのですが、そのほかにプラスの結果が生じるエラーもありますし、特段の影響を及ぼさないエラーもあります。

　「プラスの結果が生じるエラー」とは、望みどおりの結果こそ得られないものの、最終的な目標の達成に役立つ情報が得られる類(たぐい)のエラーです。

　「マイナスの結果が生じてしまうエラー」とは、作業の行き詰まりを招いてしまうもの、プラスの結果を無効にしてしまうもの、スタート地点に戻ってしまうもの、取り返しのつかない事態に陥ってしまうものです。

　「特段の影響を及ぼさないエラー」とは、作業を完了させる上で影響が何も生じないものです。

　たとえば新発売のタブレット端末の使い方を覚える場面を考えみましょう。ある人は音量調節だと思ってスライダーを動かしたところ画面が明るくなってしまいました。音量調節ではなく画面の明るさを調整するスライダーを選んでしまったわけです。エラーではありますが、おかげで画面を明るくする方法がわかりました。これが、たとえば「ビデオを見る」といった操作のために必要な機能であったとすれば（そして結局は音量調節のスライダーも見つけられたのであれば）、このエラーからはプラスの結果が生じたと言えるでしょう。

　これに対して、ファイルを別のフォルダに移動しようとしたところ、ボタンの意味を誤解してファイルを消去してしまったとします。これはマイナスの結果につながるエラーです。

　また、ある場面でメニューからオプションをひとつ選ぼうとしたところ、その時点ではそのオプションは選択できない状態になっていました。これもエラーではありますが、このエラー自体はプラスにもマイナスにもなりません。

ポイント

- 設計者の観点から言えば、ユーザーにはあまりエラーをしてもらいたくないものですが、エラーは起こってしまうものです。
- ユーザーテストの際には起こったエラーを記録しておきましょう。そして、それぞれのエラーが引き起こす結果が「プラス」「マイナス」「プラスでもマイナスでもない」のいずれであるかを書き留めておきましょう。
- ユーザーテストの後（あるいは前でも）、まずマイナスの結果を招くエラーを回避する（あるいは最小限に抑える）よう、デザインを修正しましょう。

088
エラーのタイプは予測できる

　#087で見たような、エラーから生じる結果を分類する手法として、もうひとつ、次のような分類法も有用です。ロジャー・モレルが考えた分類法で、間違いを「パフォーマンス・エラー」と「モーターコントロール・エラー（運動制御エラー）」とに大別するものです［Morrell 2000］。

パフォーマンス・エラー
　パフォーマンス・エラーは一定の手順を踏んである作業を進める際に犯す間違いです。モレルはパフォーマンス・エラーをさらに「やり損ないエラー」「省略エラー」「誤動作エラー」に分けています。

やり損ないエラー
　たとえばタブレット端末で無線LANを利用しようとしている場面を考えてみましょう。画面のオン・オフのボタンに触れるだけでよいのですが、ドロップダウンメニューからネットワークも選択しなければ、と思い込んでしまい余分な操作をしてしまいました。これが「やり損ないエラー（コミッション）」の例です。するべきことと違うことをやってしまったわけです。

省略エラー
　今度は新しいタブレット端末でメールに関する設定を指定しようとしている場面を考えてみましょう。メールアドレスとパスワードを入力しますが、送信についても受信についても設定しなければならないにもかかわらず、送信にかかわる設定しかしませんでした。この場合、手順を省いてしまったことになり、これを省略エラー（オミッション）と呼びます。

誤動作エラー
　ここでもメールの設定の例で考えてみましょう。メールアドレスとパスワードは正しく入力したものの、送信サーバ名を間違えてしまいました。これが誤動作エラー（アクション）の例です。作業の手順は正しかったのですが、やること（アクション）を誤ってしまいました。

モーターコントロール・エラー

モーターコントロール・エラーは、機器のボタンやタブなどの部品を使う際などの誤りです。たとえば、タブレット端末で画像を回転させる指の動きを間違えて次の画像に移動してしまいました。こうした間違いがモーターコントロール・エラーです。

設計やユーザーテストの最中には、種々のエラーに遭遇すると思います。重要なのは、どのようなタイプのエラーが起こりそうであるかを予想し、察知し、修正することです。

ヒューマンエラーのスイスチーズ・モデル

ジェームズ・リーズンは著書『ヒューマンエラー』の中で「間違いは重なり、影響力が増していく」と書いています [Reason 1990]。**図88-1**の例では組織内でのエラーが発端となり、そこへ管理上のエラーが加わり、さらにいくつかのエラーへとつながっていきます。それぞれのエラーがシステムの穴となって加わり、やがて穴だらけのスイスチーズのようになり、最終的には不幸な事故をもたらす大きなヒューマンエラーに至るのです。ジェームズ・リーズンが例として取り上げたのは原子力発電所の大事故でした。

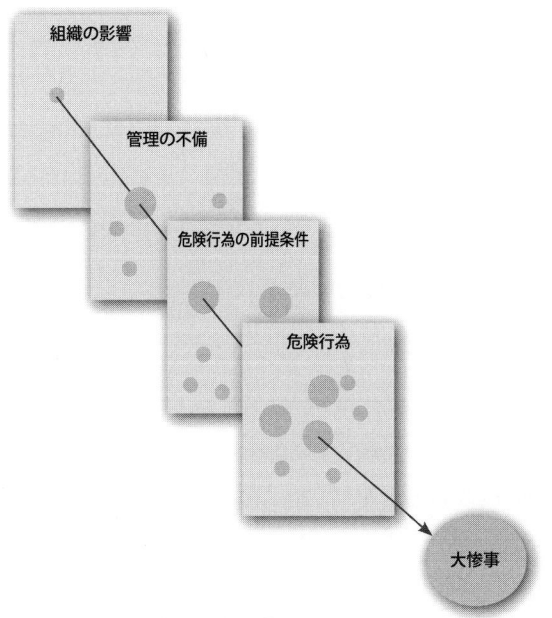

図88-1　ジェームズ・リーズンの「ヒューマンエラーのスイスチーズ・モデル」

人的要因分析・分類システム（HFACS）

スコット・シャペルとダグラス・ワイグマンがアメリカ連邦航空局のために人的要因分析・分類システム（HFACS：Human Factors Analysis and Classification System）に関する論文を書きました [Shappell 2000]。その中で、ジェームズ・リーズンのスイスチーズ・モデルに基づき、ヒューマンエラーを解析し分類するシステムを提案しました。焦点を当てたのは、操縦士や管制塔のエラーなど航空分野のエラーの防止です。図88-2に、HFACSで分類、解析されるエラーのタイプを例示しました。

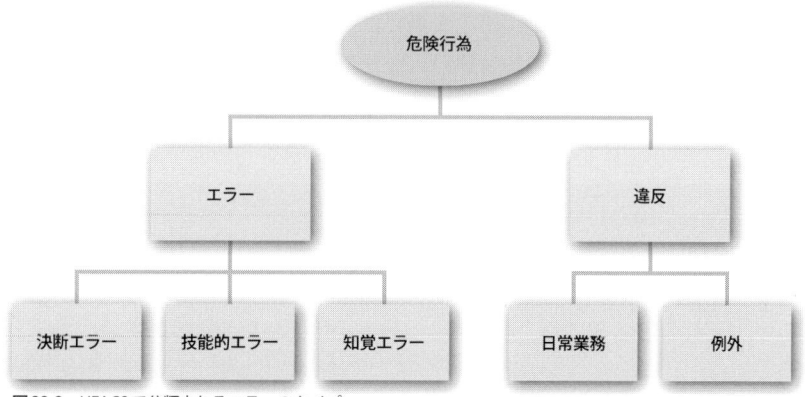

```
               危険行為
              /        \
          エラー        違反
         / | \          / \
    決断   技能的  知覚   日常   例外
   エラー  エラー  エラー  業務
```

図88-2　HFACSで分類されるエラーのタイプ

ポイント

- 皆さんが設計した製品の使い方を学び、利用する人は、さまざまなタイプの間違いを犯します。ユーザーテストやユーザー観察を行う前に、危険度が最大と思われる間違いを見きわめておきましょう。
- ユーザーテストやユーザー観察では「ユーザーがどのような種類の間違いを犯すか」に関するデータを集めましょう。テスト後に行う設計の修正に役立ちます。
- エラーが「不快」や「非効率的」といったレベルでは済まず、実際に事故や人命の損失につながりかねない分野では、HFACSのようなシステムを使ってエラーを解析し防止すべきです。

089
エラーの対処法はさまざま

　エラーの種類を分類するだけでなく、エラーの修正方法についても分類してみましょう。ニュンユン・カンとワンチャル・ユンは、新しい装置の利用法を学ぶ際に若者と年配者が犯すエラーの種類を調べ、そうしたエラーを修正するためにとられる手法を記録し、分類しました [Kang 2008]。

系統的探索
　「系統的探索」とは、エラーを正すために計画的に手順を踏んでいくことです。たとえばタブレット端末で、曲を「リピート再生」しようとする場面を考えてみましょう。あるメニューを試したところ、うまくいきませんでした。そこで各メニューの項目が音楽関連の機能にどうかかわっているのかを確かめようとします。1番目のメニューの最初のアイテムから始めて、音楽の再生にかかわるすべての選択肢を見ていきます。これが系統的な探索です。

試行錯誤的探索
　「試行錯誤的探索」は系統的探索とは対照的に、やみくもにさまざまな選択肢、メニュー、アイコン、コントロール（ボタンやタブなど）を試すという方法です。

固定的探索
　エラーが修正できないにもかかわらず同じ動作を何度も繰り返すのが「固定的探索」です。たとえばタブレット端末で曲を繰り返し再生したいと思い、画面上のそれらしきアイコンに触れますが、うまくいきません。そこでその曲をもう一度選択し、再び同じアイコンに触れます。それでうまくいかなくても、同じ動作を延々と繰り返すのです。

▶ 年配者と若者では対処法が違う
ニュンユン・カンらによると、作業をうまく完了した割合では年齢による差異が認められなかったものの、方法に関しては年配者（40代と50代）と若者（20代）で違いがあったそうです。
- 年配者のほうが、作業を完了するまでに踏む手順が多くなりました。その主な理由は、作業を進める中で犯す間違いが若者より多いことと、若者より固定的探索で対処しがちであることです。

- 年配者は自分の行動から得られる重要なヒントを見逃すことが多く、結果的に作業完了までの歩みが若者ほどスムーズではありませんでした。
- 年配者にはモーターコントロール・エラーが若者より多く見られました。
- 年配者は若者ほど過去の知識を使いませんでした。
- 自分の行動が正しいかどうか確信をもてない度合いは、年配者のほうが高くなりました。また、若者と比べて時間的なプレッシャーを感じる度合いが強く、満足度が低くなりました。
- 年配者は若者よりも多く「試行錯誤的探索」を行いましたが、データの分析によるとこれは年齢が原因ではなく、その種の機器に関する背景知識と経験が乏しいためでした。

ポイント
- 間違いを修正する方法は人それぞれです。ユーザーテストとユーザー観察の最中に、自分の顧客がとりそうな対処法に関するデータを集めましょう。この情報は将来起こり得る問題の予測や、デザインの改良に役立つでしょう。
- ユーザーが年をとっているという理由だけで「作業を終えられないだろう」と決めつけるのは禁物です。年配者は異なる方法をとったり、時間が余計にかかったりするかもしれませんが、若者と同じ作業をこなせる場合もあります。
- 年齢差だけでなく初心者と熟練者の違いも考慮しましょう。年配者といっても全員が同じわけではありません。60歳だからといってコンピュータ利用の経験が乏しいということにはなりません。60歳でも長年コンピュータを使いこなしてきた、知識の豊富なベテランかもしれません。20歳の若者であっても、特定の製品、機器、ソフトは使い慣れていないかもしれないのです。

10章　人はどう決断するのか

人がある行動を起こそうと決断するプロセスは、一般に考えられているほど単純なものではありません。この章では、人がどう決断するかを分析していきます。

090
無意識のレベルでの決断

　テレビを買いたいと思っているとしましょう。多くの人は、どのようなテレビを買うか、まずはあれこれ下調べをしてから購入します。決断を下す際、私たちはどのような点を考慮しているのでしょうか？　ちょっと意外なことがわかってきています。拙著 *"Neuro Web Design: What Makes Them Click?"* にも書きましたが、人は決断を下す際、「もう関係することは漏れなく、注意深く、しかるべき筋道を踏んで検討した」と思いたがるものです。テレビの例で言えば、大きさが部屋に合っているか、信頼できるブランドか、他社の製品と比べて価格は妥当か、今が買い時か、などを検討するわけです。こうした要素を意識的に考え尽くして決断したと思っているのですが、決断の過程を調べてみると、実際には多くの場合、「無意識」が深く関与していることがわかります。

　そうした「無意識の決断」には次のような要因が関係します。

- ほかの人はどのテレビを買っているか ── 「ウェブのレビューなどを見てみると、この製品の評価が高いようだ」
- 自分の性格やイメージ（信条）に合っているのはどの製品か ── 「私はいつでも最新の技術、最新の機種を選ぶタイプの人間だ」
- この製品を買えば日頃の借りを返せるだろうか（相互関係）── 「テレビでのスポーツ観戦となると、いつも兄が私を自宅に呼んでくれるが、そろそろ我が家に呼んでもいい頃だ。だから少なくとも品質では兄のテレビに引けを取らないものを買わなくては」
- チャンスを逃がすのではないか ── 「今このテレビはセール対象品だから、このチャンスを逃すと値段が上がって、しばらくは買えなくなってしまうかも」
- そのほかの自分なりの動機や懸念

「無意識の決断」だからといって「悪い判断」とはかぎらない

　脳内での処理は大半が無意識のレベルで行われ、決断もたいていは無意識に行っているのですが、だからといってそうした決断が誤っている、非合理的だ、悪い、などというわけではありません。私たちは膨大な量の情報に囲まれていて、意識だけではすべての情報を処理しきれません。そのため無意識が発達して、たいていは自分にもっとも有利な指針や経験則に基づいて情報を処理し決断をするようになりました。だからこそ私たちは「直感に従う」わけで、しかもそれがほとんどの場合、期待どおりの結果を生む

のです。

ポイント

- 自分の望みどおりの行動をユーザーにとってもらえるような製品やウェブサイトを設計するためには、対象ユーザーの無意識の動機を知っておく必要があります。
- たとえユーザーから行動の動機を聞かされたとしても、当人の言うことをそのまま信じてはなりません。決断は無意識のレベルで下されるため、本人でさえ本当の理由に気づいていない場合があるからです。
- 決断の際に無意識の要因が働くとはいえ、当人は自分の決断に対して、合理的、論理的な理由を必要とするものです。ですから、たとえ真の動機である可能性が低くても、合理的、論理的な理由を提示してあげることは必要です。

091
まず無意識が気づく

　無意識に関するとても面白い実験があります。アントワーヌ・ベシャラらによる実験で、被験者にはカードを使ったギャンブルゲームをやってもらいました [Bechara 1997]。まず各被験者に2,000ドル分の模擬紙幣を渡し、その持ち金をできるだけ減らさないよう、できるだけ増やすよう指示しました。テーブルにはカードの束が4組置いてあります。各被験者が4つの山のひとつから1回に1枚ずつカードを引いていきます。実験の進行役が「ストップ」と言うまで、順に好きな山からカードを引くのを続けていきます。いつゲームが終わるかは、被験者には教えてありません。被験者に知らせたのは、カードを引くたびにお金をもらえること、ただし、引いたカードによっては同時に進行役にお金を支払わなければならない場合もあるということです。それ以外の詳しいルールは次のとおりですが、これは被験者には知らせませんでした。

- AのA山またはBの山からカードを引くと100ドルをもらえるが、Cの山またはDの山から引くと50ドルをもらえる。
- AとBの中には進行役にかなりな額を払わなければならないカードが入っており、最高で1,250ドル払わなければならないカードもある。CとDにも進行役に払わなければならないカードが入っているが、支払う金額の平均は100ドルである。

　つまりAやBから引き続けると最終的には損をすることになり、CやDから引き続けると利益が出るわけです。以上のルールは最後まで変わりません。また、被験者には告げませんでしたが、ゲームはカードが100枚引かれた時点で打ち切られることになっていました。

危険はまず無意識が察知

　まずは大半の被験者がどの山からもカードを引いてみていました。最初のうちは、引くたびに100ドルをもらえるAとBの山に手が出ましたが、30回も引くと、ほとんどの人がCやDから引くようになりました。そしてその後はゲームが終わるまでCとDから引き続けました。ゲームの途中で進行役は何度かゲームを中断し、被験者にトランプの山についての感想を聞きました。被験者には皮膚の反応を測定するための皮膚コンダクタンス測定装置（Skin Conductance Response：SCR）が付けられており、意識が気づくかなり前から、損失が生じる危険のあるAとBからカードを引くときにはSCRの値が上昇していました。AまたはBに手を伸ばしたとき、いや、AまたはBから引こうと考えた

だけでもSCRの値は上昇しました。AやBからカードを引くのは危険であり最終的には損失が生じるということに無意識が気づいていたわけです。SCRの急激な上昇がこのことを立証していました。しかしこの時点では無意識だけが気づいており、意識のレベルではまだ何にも気づいていませんでした。

　被験者はCまたはDから引いたほうがよい結果になるような気がすると最終的には言いましたが、「古い脳」が「新しい脳」よりかなり前に気づいていたことがSCRの反応からわかります。ゲーム終了までには多くの被験者が「〜のような感じがする」と言うだけでなく、2種類の山の違いを言葉で明確に説明できるようになりましたが、その時点でもまだなんと30％もの人が、なぜCやDから引くほうがよいのかが説明できず、なんとなくそんな気がするとしか答えられませんでした。

ポイント

- 人は危険の兆候を無意識に察知し反応します。
- 無意識は意識より素早く反応します。ですから自分の行動や選択の理由が説明できないということがよく起こるのです。

092
人は自分の処理能力を超えた数の選択肢や情報を欲しがる

スーパーマーケットには商品があふれ返るほど並んでいます。お菓子、シリアル、テレビ、ジーンズなど、何を買うにしても、おびただしい数の選択肢があるのが普通です。小売店であれウェブサイトであれ、選択可能な商品が少ないのと多いのとではどちらがよいかと尋ねられれば、ほとんどの人が「多いほうがよい」と答えるでしょう。

選択肢が多すぎると思考が麻痺してしまう

シーナ・アイエンガーは著書『選択の科学──コロンビア大学ビジネススクール特別講義』の中で、自身や他の研究者が行った、「選択」に関する実験を紹介しています [Iyengar 2010]。アイエンガーらは大学院生のときに、今では「ジャムの法則」という名前で知られている実験をしたのですが [Iyengar 2000]、その目的は「人は選択肢が多すぎると何も選ばなくなってしまう」という説を実証することでした。買い物客の多い高級食料品店にブースを設けて店員のふりをし、ブース内のテーブルに並べる商品を途中で入れ替えました。客が試食できるフルーツジャムを、前半には6種類、後半には24種類にしたのです。

来客数が多かったのは？

ジャムを24種類並べたときには、通りかかった客の60%が立ち止まって試食しましたが、6種類のときはわずか40%でした。ということは、選択肢を多くしたほうがよさそうです。ところが、そうでもないのです。

最終的に試食した客が多かったのは？

24種類並べたほうが、客の試食するジャムの種類も多くなる、と思いませんでしたか？ 実際はそうではなかったのです。並んでいるジャムが6種類であれ24種であれ、客が試食したのは、そのうちのほんの数種類だけでした。人が一度に憶えていられることは3つか4つにすぎません（詳しくは3章の「チャンク」についての解説#020を参照）。選択の場合も同様で、人は選択肢があまり多くなると選べなくなります。選択肢が3つか4つまでの場合にかぎり、そこから選べるのです。

最終的に購入した人が多かったのはどちら？

この実験でもっとも面白いのは、ジャムを6種類並べたときには立ち止まった客のう

ち31%が購入したのに対し、24種類のときはわずか3%だったという点です。つまり、種類が多いときには、より多くの客が立ち止まりはしたものの、実際に購入した客は少なかったというわけです。100人の客が立ち寄るとすると、24種類の場合はそのうち60人が立ち止まり試食をしますが、実際に買うのは2人、これに対して6種類の場合は立ち止まって試食をするのが100人中40人で、そのうち実際に購入するのは12人、ということになります。

なぜ際限なく選択肢を求めるのか

「選択肢が少ないほうが購入する人の数が多い」という結果とは裏腹に、なぜ人は常により多くの選択肢を求めるのでしょうか。ひとつにはドーパミンが放出されると快楽を感じるという「ドーパミン効果」があります（ドーパミンは好きなこと、熱中できることをやっているときにもっとも多く分泌されます）。つまり情報には中毒性があるというわけです。情報を求め続けるという行為をやめるのは、自分の決断に自信がもてるときだけです。

ポイント

- 選択肢を多くしたいという誘惑に負けてはなりません。
- 希望する選択肢の数を尋ねれば、きっと「たくさん」とか「全部」とかいった答えが返ってくるでしょう。そうした要求に屈しないよう心がけましょう。
- できれば選択肢の数を3つか4つに絞ること。それより多く提供しなければならないときには漸進的な方法をとりましょう。まずは3つか4つの中から選択してもらうようにし、その次に下位の選択肢を提示するといった具合に。

093
選択肢が多いほうが思いどおりになっていると感じる

　シーナ・アイエンガーは著書『選択の科学』の中でネズミを使った実験を紹介しています [Iyengar 2010]。えさにたどり着くのに、「まっすぐな一本道」と「枝分かれした道」というふたつの選択肢をネズミに与えます。どちらの道を選んでも同じエサにたどり着きますし、エサの量も毎回変わりません。エサが欲しいだけなら、ネズミは近道である「まっすぐな一本道」を選ぶはずだと思えるのですが、何度試しても「枝分かれした道」を選びました。

　サルとハトを使った実験では、ボタンを押せばエサをもらえるということを覚えさせてから、「ボタンが1個だけ」と「複数のボタン」という選択肢を与えたところ、サルもハトも「複数のボタン」を選びました。

　同様の実験を人間を対象にして行いました。被験者にカジノのチップを渡し、「ルーレットが1台だけのテーブル」と「ルーレットが2台あるテーブル」のどちらか一方を選んで賭けてもらうのです。3台のルーレットはどれもまったく同じなのですが、被験者はルーレットが2台あるほうのテーブルを選びました。

　人は選択肢が多いほうが、自分の思いどおりになっていると思ってしまいます（いつもそうとはかぎらないのですが）。物事を思いどおりに動かしていると実感できるのは、「自分の行動には影響力があるし、自分には選択肢がある」と感じられるときだからです。選択肢が多いと、かえって選びにくくなってしまう場合があるにもかかわらず、選択肢のある状況を欲します。決定権を握っていると思いたいのです。

　自分を取り巻く環境を支配したいという願望は人間にとっては生来のもので、これは理にかなったことです。周囲の環境を支配することによって、生き残りの可能性を高められるでしょうから。

▶「思いどおりにしたい」という願望は幼少時に芽生える

　アイエンガーは生後4か月の乳児を対象にした実験も行いました。まず、引っ張ると音楽が鳴る仕掛けになっている紐を乳児の手に結びつけ、自分で好きなときに鳴らせることを体験させます。続いて仕掛けを解除し、赤ちゃんが紐を引いても音楽が鳴らないようにしてしまいます。音楽は一定の間隔で鳴り続けますが、赤ちゃんはもう好きなときに自分で音楽を鳴らすことができません。音楽が鳴っているにもかかわらず、悲しそうな顔をしたり不機嫌になったりします。自分の思いどおりに音楽を鳴らしたいのです。

ポイント
- 人は「自分の行動には影響力があり、自分は決定権を握っている」と思いたがるものです。
- 人は一定の作業を行う際、常に最速の方法を選ぶとはかぎりません。ユーザーが皆さんのウェブサイトや製品を使って作業をする際の方法も複数提供したほうがよいでしょう。たとえ効率の落ちる方法であっても、それを加えることでユーザーの選択肢が増えるからです。
- いったん提供した選択肢を取り上げると相手は不満を抱きます。ある作業をするための方法が改良されている新バージョンでも、前の方法をいくつか残しておいたほうが無難です。選択肢があるとユーザーが思えるように。

094
「お金」より「時間」

　日曜日。お気に入りの道をサイクリングしていたら、道端で子どもたちが手作りレモネードを売っていたとしましょう。アメリカの子どもたちが小遣い稼ぎに昔から続けてきた夏の風物詩、「レモネード売り」です。皆さんが前を通りかかったとしたら自転車を停めてレモネードを買いますか。レモネードはおいしかったでしょうか。レモネードを買おうと思ったり、おいしいと感じたりしたことと、看板に書いてあった言葉とは関係があるでしょうか。これが、ありそうなのです。

　スタンフォード経営大学院のキャシー・モギルナーとジェニファー・アーカーが、レモネード売りの看板に「時間」に関するメッセージを書いたときと、「お金」に関するメッセージを書いたときでは、客の購買意欲、払う金額、購入した製品についての満足度が変わるかどうかを調べるために5種類の実験を行いました [Mogilner 2009]。

時間 vs. お金

　最初の実験は前述のレモネード売り場で行い、次の3種類の看板を交替に出してみました。

「ちょっとひと息　C&Dのレモネードをどうぞ」（「時間」重視バージョン）
「お買い得で〜す！　C&Dのレモネードをどうぞ」（「お金」重視バージョン）
「C&Dのレモネードをどうぞ」（「比較用」のバージョン）

　合計391人が徒歩または自転車で通りかかり、そのうちレモネードを買った人の年齢は14歳から50歳までの間で、性別や職業はさまざまでした。代金は1杯につき1ドルから3ドルまでの間で客が自由に決めて払うようにしました。ちなみに最高額を3ドルにしたのはレモネードを入れたプラスチックのカップが上等なものであったからだそうです。客にはレモネードを飲んだ後でアンケートに答えてもらいました。
　レモネードを買った人がいちばん多かったのは「時間」に関するメッセージが書いてある看板を出したときでした（14%）。「お金」に関するメッセージが書いてある看板を出したとき（7%）に比べると、2倍もの人が立ち寄っています。払った代金も「時間重視バージョン」（平均2ドル50セント）が「お金重視バージョン」（平均1ドル38セント）を上回りました。面白いことに「比較用」の場合は人数も平均の金額もふたつのバージョンの中間でした。つまり、メッセージの内容が「時間」に関するものだと客もお金も多くなり、「お金」に関するものだと少なくなり、「時間」にも「お金」にも触れていなければその中間に

なる、ということです。顧客の満足度を調べるアンケートでも同様の結果が出ました。

以上の実験からモギルナーとアーカーが導き出した仮説は次のとおりです――「『お金』に関するメッセージよりも『時間』に関するメッセージを見たときのほうが親近感がもてる」。この仮説を検証するため、さらに4種類の実験を今度は研究室で行いました。商品をiPod、ノートパソコン、ジーンズ、自動車に替えて、それぞれの場合に「時間」のメッセージと「お金」のメッセージが購入者にどう影響するかを調べたのです。

求めているのは親近感

以上の実験をすべて終えた上でモギルナーとアーカーが下した結論は次のようなものでした――「親近感をもったときのほうが、購買意欲が強くなり、使う金額も多くなり、購入したものに対する満足度も高くなる」。親近感を生んだのは、ほとんどの場合「お金」よりも「時間」に関するメッセージでした。つまり「時間」に関するメッセージによってその製品にかかわる購入者の体験が浮き彫りにされ、それを思い浮かべることによってその製品に対する親近感が生まれる、というわけです。

しかし対象の製品によっては、「時間」より「お金」に関するメッセージのほうが親近感を生んだものもありました。たとえば、有名デザイナーのジーンズや高級車の場合です。また、なかには「時間」より「お金」のほうを選んだ人もいました（「体験」よりも「所有」を重視する人など）。こういう人もいるのです、少数ではありますが。

ポイント

- 言うまでもありませんが、いちばん大事なのは市場や顧客をよく知ること。「名声」や「財産」に関心のある顧客に対しては、「お金」に関するメッセージを使いましょう。
- ただし、ほとんどの人はほとんどの場合、「お金」や「所有」よりも「時間」や「体験」に心を動かされ親近感を抱くということを認識しておきましょう。
- 顧客について調べる時間や予算がなく、販売する品や提供するサービスがとりたてて高級なものではないという場合には、「時間」や「体験」の路線をとったほうが無難でしょうから、「お金」のことを持ち出すのはできるだけ控えましょう。

095
意思決定には気分も影響

　想像してみてください。皆さんは友人から転職をもちかけられました。新しい仕事は面白そうですし収入もアップするのですが、マイナス面もあります。通勤時間も勤務時間も今より長くなりそうなのです。転職すべきか今の職場にとどまるべきか。直感的には「転職すべきだ」と思うのですが、腰を落ち着けて新しい仕事のプラス面とマイナス面を書き出してみるとマイナス面のほうが多く、理詰めでいけば「今の所にとどまるべき」という答えが出ました。直感と論理。皆さんはどちらに従いますか？

　こうしたことについて研究したのがマリエク・ド・フリースで、気分と決断のしかたの関係を調べる実験を行いました [De Vries 2008]。

　まず被験者を2つのグループに分け、一方のグループにはビデオでディズニーの人形劇映画『ザ・マペッツ』の面白い場面を見せて楽しい気分にさせ、もう一方のグループには映画『シンドラーのリスト』の悲惨な場面を見せて悲しい気分にさせておいてから、どちらのグループにもポットをいくつか見せました。そして「抽選で当たるとしたらどの製品が欲しいですか？」と尋ね、どちらのグループでも、一部の被験者には第一印象（直感）で選んでもらい、残りの被験者には機能と特性のプラス面とマイナス面による比較（論理）で選んでもらいました。

　各自がポットを選んだところで、その製品がいくらぐらいか見当をつけて書いてもらいました。次に、今の自分の気分を判断するためのアンケートに答えてもらい、最後に普段の自分の決断のしかたが「直感」か「論理」かのアンケートにも答えてもらいました。

　以上の実験の結果は次のとおりです。

- ビデオには人を楽しい気分や悲しい気分にさせる効果がありました。
- 普段から直感で物事を決めている人が、直感で選ぶよう指示された場合、ポットの見積り額はより高くなりました。
- 普段から論理を重視して物事を決めているという人が、よく考えて選ぶよう指示された場合、ポットの見積り額はより高くなりました。
- 楽しい気分の被験者が直感で選んだ場合、自分のいつもの決断のしかたに関係なく、ポットの見積り額はより高くなりました。
- 悲しい気分の被験者が論理を重視して選んだ場合、自分のいつもの決断のしかたに関係なく、ポットの見積り額はより高くなりました。
- 性差はありませんでした。

ポイント

- 直感的に決断する人もいれば、論理的に考えた上で決断する人もいます。
- 自分のいつものやり方で決断できるとき、製品の見積り額は実際より高くなります。
- 相手の決断のしかたが事前に調べられるなら、その人に合った決断のしかたを提案するとよいでしょう。そうすれば製品価値の評価が高くなります。
- 短いビデオ映像などを利用すれば、相手の気分を左右することは比較的簡単にできます。
- 楽しい気分の人には、直感で素早く決断するよう求めれば、製品をより高く評価してもらえるでしょう。
- 悲しい気分の人には、じっくり考えて決断するよう求めれば、製品をより高く評価してくれるでしょう。
- 人の気分を操作できる場合、その気分に合った決断のしかたを提案すれば、製品やサービスをより高く評価してもらえるでしょう。

096
グループによる意思決定は必ずしも的確ではない

　世界中のどの国のオフィスでも頻繁に会議が行われ、四六時中意思決定が行われていることでしょう。大小さまざまなグループが日々無数の決断を下しているのです。しかしあいにくグループでの意思決定には重大な問題があるという調査結果があります。

集団的意思決定の危険性

　アンドレアス・モジシュとステファン・シュルツハルトの実験 [Mojzisch 2010] を紹介しましょう。被験者に求人応募者に関する情報を見せて検討してもらうという実験です。まずは被験者全員に同じ情報を見せ、グループではなく各自で検討してもらいました（ただし応募者に関する情報を見せる前に、一部の被験者にはグループの他のメンバーの検討結果を見せ、残りの被験者には見せずにおきました）。なお、最善の決定を下すために、応募者の情報は漏れなく検討するよう指示しておきました。

　その結果、グループの他のメンバーの検討結果を事前に見せられた被験者は肝心な求人応募者の情報を十分に検討せず、したがって最善の決定を下せなかったことが判明しました。被験者が応募者の情報を覚えていなかったことが記憶力テストで明らかになったのです。このことから2人の研究者の下した結論は次のとおりです——「他のメンバーの事前の検討結果を知らされた上で討議を始めると、その検討結果以外の肝心な情報にあまり注意を払わなくなるため、最善の決定を下せなくなる」

　次にこの2人はグループで検討をしてもらうという追跡調査を行いました。この実験では各メンバーごとに、渡す情報の内容を変えました。そのため、グループで話し合って最善の決定を下すためには、各メンバーがそれぞれの情報を持ち寄り共有しなければなりません。結果的には、この実験でも「各自の検討結果を明かした上で話し合いを始めると、議論の際に肝心の情報にあまり注意を払わなくなるため、決断を誤る場合がある」ことが判明しました。

★ グループディスカッションの9割は出だしでつまづく

グループによるディスカッションでは、各メンバーが最初に自分の第一印象を話してしまうケースが9割を占め、このやり方ではよくないという研究結果が出ています。まずは肝心の情報について議論する、という方法にすれば、情報そのものを慎重に検討するため、よりよい決断が下せるでしょう。

それでも1人よりは2人のほうがよい

　アメリカンフットボールの試合です。ワイドレシーバーが敵陣のエンドゾーンの角でボールをキャッチしました。タッチダウンなのか、そうではないのか？　2人の審判がそれぞれ違う角度から見ていました。2人で話し合うのと個々に判定するのとでは、どちらが正確でしょうか。バハドール・バーラミの研究 [Bahrami 2010] では、たしかな知識と技術をもつ2人が話し合うのであれば「1人より2人のほうがよい」という結果が出ています。

　この研究では、意見が一致しない問題について、各自が目撃したことだけでなく、それに関する見解や理由についても自由に話し合える状況であれば、意思決定は1人より2人のほうがよいことが明らかになりました（自由な議論が許されず、各自が決定を表明するだけなら、「2人のほうがよい」ということにはなりません）。

ポイント

- グループの中に1人だけ他のメンバーより能力の劣る人がおり、本人以外のメンバーはそのことに気づいています。このような場合、グループでの決定が不的確なものになってしまうおそれがあります。能力の劣る人の意見を無視すべきであるにもかかわらず、そうしないからです。
- 他のメンバーの意見を知る前に、関係する情報そのものについて各人がひとりで考えることができる時間をとりましょう。また、あらかじめすべての情報を各人に与えるようにしましょう。
- 自分の決定を他のメンバーに公表する前に、その決定にどれほど確信がもてるかを評価させましょう。
- グループでの意見交換が始まったら、相違点を議論する時間を十分にとりましょう。
- 現代は情報が簡単に共有でき、また簡単に広まってしまう時代です。このように情報や意見が自由（無制限）に移動するということは、つまり集団で不的確な決定を下しかねないということでもあります。

097
人は支配的な人物に影響される

　グループに支配的な人がいて、会話や決断を取り仕切ってしまうということは、ありがちなことです。「グループで決めた」からといって「本当に参加者全員で決めた」ということにはなりません。グループ内に支配的な人がいると、あきらめたり任せたりしてしまう人が多く、そういう人たちはまったく発言しないこともあるのです。

なぜリーダーになるのか？

　キャメロン・アンダーソンとギャビン・キルダフが集団での意思決定に関する実験を行いました [Anderson 2009]。学生を4人1組のグループに分け、ビジネススクールの入学者選抜に使われるGMAT（ジーマット）の数学の問題をグループ単位で解いてもらいました。全米で広く使われるGMATの問題を使ったのは、各グループの成績の評価が簡単にできるからです。

　さて、グループが問題に取り組んでいるときには、その様子を録画しておき、あとでそれを再生して各グループのリーダー役が誰であったかを検討しました。また、何組かのオブザーバーにもビデオを見てもらって、「誰がリーダー役か」についての意見を聞きました。さらに各グループの学生にも同様のことを尋ねました。その結果、皆の意見は一致しました。

　アンダーソンらは、ある人物がこのように皆から「リーダー」と見なされる要因が何であるかを知りたかったので、グループで問題を解く前に、学生たちには自分の「支配性」を調べるための質問票に答えを記入してもらっていました。そして、そう、読者の皆さんの推察のとおり、皆から「リーダー」と言われた学生は全員が「支配性」の点数が高かったのです。しかしこれだけでは、こうした学生たちが「リーダー」になった経緯がまだはっきりしません。数学の点数がグループで最高だったから？　いいえ。本人が主張して無理矢理リーダーになった？　いいえ。

　いろいろ調べてみた結果は驚くべきものでした。なんと最初に発言した人が「リーダー」と見なされていたのです。出題された問題の94%において、「最初に提案された答え」が「グループの最終的な答え」となっており、最初に答えを提案していたのが支配的な性格の学生でした。

ポイント
- グループで話し合って何かを決めるときは、最初に提案された解決法に飛びつくことのないよう注意しましょう。
- 会議（たとえば、デザイン上の決断を下したり、ユーザーの感想や意見を検討したりするような会議）を行う際には、出席者にあらかじめ自分の考えをめいめい書き出させて、それを事前に回覧するようにしましょう。

098
確信がないときは人まかせにする

　想像してみてください。皆さんはブーツが買いたくてウェブサイトを物色しています。よさそうなものが一足見つかりましたが、聞いたことのないブランドです。はてさて買ったものかどうか？　迷ったときには、画面を下へスクロールして、買った人のレビューや評価を探すのでは？　そして、見知らぬ人のレビューでもその内容を参考にするのでは？

不確実性が判断に影響する

　拙著 *Neuro Web Design: What Makes Them Click?* では、人が決断を下す際、他者に頼る傾向を紹介しました。「社会的証明」と呼ばれる現象です。

　ビブ・ラタネとジョン・ダーリーは不確かな状況で人が周囲の人々の行動に影響されるか否かを調べる実験を行いました [Latane 1970]。被験者には部屋に入って独創性に関する調査票を記入してもらいます。部屋にはほかにも人（時には複数）がいて、被験者を装っているのですが、実は「サクラ」です。そして調査票に記入している間に換気口から煙が出てきます。被験者は部屋を出ていくでしょうか？　煙のことを誰かに伝えるでしょうか？　無視するでしょうか？

ほかの人が行動すれば行動する

　どのような行動であれ、部屋にいるほかの人（々）の人数と行動によって、その行動をとるかとらないかが決まります。部屋にいる人数が多いほど、また、煙を無視する人が多いほど、被験者は無視する確率が高くなりました。被験者が1人しかいないときは、部屋を出て誰かに伝えに行きましたが、ほかにも人がいて、その人たちが何もしないと被験者も何もしないのです。

レビューと評価は非常に効果的

　インターネットでは評価とレビューによる社会的証明が顕著で、何をすべきか、何を買うべきか確信がもてないとき、人は指標となる推薦文や評価、レビューを見る傾向があります。

★ 自分に似ている人のレビューの効果が最大

チェン・イーファンはインターネット書店の3種類の評価やレビューに関する実験を行いました [Chen 2008]。3種類とは、一般利用客によるもの、そのトピックに関する専門家のレビュー、サイト自体の推薦文で、このいずれにも購入者（被験者）に対する影響力は認められましたが、一般の利用客が書いたレビューの影響力が最大でした。

ポイント

- 人は（特に確信がもてないとき）ほかの人の言動に影響されやすいものです。
- ユーザーの行動に影響を与えたいときには、推薦文や評価、レビューを活用しましょう。
- 評価やレビューを書き込んだ人についての情報を多く添えれば添えるほど、その評価やレビューの影響力は強くなります。

099
他人は自分より影響を受けやすいと考える

　筆者は執筆でも講演でも多くの機会に「説得力」というテーマを取り上げますが、講演でよく紹介するのがジョン・バーグの実験です [Bargh 1996]。人が自分の気づいていない要因にいかに影響されるかということを立証したもので、被験者にいくつかの単語を見せて意味の通る文を作ってもらいました。たとえば次の例のように5つの単語を見せ、そこから4つを選んで文を作ってもらったのです。

he florida today lives in
↓
He lives in Florida.

　ある被験者は、Florida（フロリダ）、retired（引退した）、old（年老いた）、elderly（高齢の）など「老い」に関係する単語を与えられました。また別の被験者は、youth（若さ）、energy（エネルギー）、lively（元気のよい）など「若さ」に関係する言葉を与えられました。また、「老い」でも「若さ」でもない中立の言葉を与えられた人たちもいました。被験者には、単語を並べて意味の通る文ができたら、廊下を歩いてジョン・バーグのところまで来てくださいと指示しておきました。そして各被験者が廊下を歩いてやって来るのに要する時間を測定しました。その結果、「老い」に関係する言葉を選んだ人のほうがかなり長い時間がかかりました。自分が選んだ言葉の影響を無意識に受けていたのです。しかし、そのような影響を受けたと自分でも思うかと尋ねてみると、「いいえ」という答えが返ってきました。

　筆者が講演などでこの実験の話をすると、聞いていた人たちは「ほかの人はそういうこともあるだろうが、自分はそうはならない」と言います。

「私はそんなには影響されません」

　実例はほかにもあります。前節で紹介した評価やレビューのような「社会的証明」に関する実験を、筆者が講演の折に紹介すると、聞き手はそろってうなずき、「そうそう。評価やレビューにすごく影響されてしまう人って、いますよね」と言います。しかし、さらに尋ねてみると、聞き手の大半は「自分自身はそんなには影響されない」と思っています。「絵や写真、イメージ、言葉に人が大きな影響を受けること」や「そうやって影響を受けている事実を人は自覚していないこと」を筆者は説明するのですが、決まってこんな反応が返ってくるのです――「そう、そうしたものの影響を受ける人はいます。でも私は違います」

第三者効果
　実は、この「ほかの人は影響されるが自分は違う」と信じ込む現象は独立した研究のテーマとなっているほどで、「第三者効果」と命名されています。その研究でも、大半の人が「ほかの人は説得力のあるメッセージに影響されるが自分は違う」と思っているという結果が出ています。おまけに、このような感じ方が誤りであることも立証されています。こうした「第三者効果」は、自分は対象に興味がないと思っているときに特に強くなるようです。たとえば別に新しいテレビを買いたいと思っているわけではないときには、テレビの広告に影響などされないと思いがちですが、研究によると影響を受けているのだそうです。

なぜこのように思い込むのか？
　なぜ人はこのように自分で自分をだますのでしょうか？　ひとつには、無意識のレベルで影響されているという点があげられます。自分が影響を受けていることにまったく気づいていないのです。さらにもう一点、自分は安易に影響されたりだまされたりしないと思いたい、ということもあります。「だまされやすい」のは、つまり「自分で自分がコントロールできていないこと」であり、古い脳（生存をつかさどる領域）は常に「自分で自分のコントロールができている状態」を望んでいるわけです。

ポイント
- 誰もが無意識のレベルで影響を受けるものです。
- 顧客調査を行うと「評価やレビューには影響されないで決断する」と答える人がいますが、鵜呑みにしてはなりません。人は無意識のレベルで影響されるため、たいていは影響を受けていることも自覚していない、という点を認識しておきましょう。

100 目の前にある品物のほうが高値に

　気に入ったボールペンをネット通販で1箱追加注文する場面を想像してみてください。いくらまでなら出せるか、その金額を見積もるとして、その製品が写真入りで紹介されている場合のほうが説明文だけの場合より高くなるでしょうか？　同じペンを実際に文具店で手にする場合のほうが高くなるでしょうか？　買う品物がペンなのか食品なのかといった要因で違いが出るでしょうか？　購入を決断する際、陳列や提示のしかたが予算額に影響するでしょうか？　こうした疑問を解明しようとベン・ブションらが実験を行いました [Bushong 2010]。

　最初の実験ではポテトチップスやチョコバーなどのスナック菓子を用意し、被験者にはそれを買うためのお金を渡しました。選択肢は多く、被験者はどれでも好きなものを買うことができます（ダイエット中の人や摂食障害の人はあらかじめ除外しました）。買いたい菓子には「入札」をしてもらうので、被験者がどの菓子にどれだけのお金を払う気があるかがわかります。

　さて、第1のグループには菓子の名前と簡単な説明だけを見せました。たとえば、「○○のポテトチップス（45g入り）」といった具合です。第2のグループには菓子の写真を見せました。第3のグループには現物を手に取って選んでもらいました。

　この実験の結果は図100-1のとおりです。

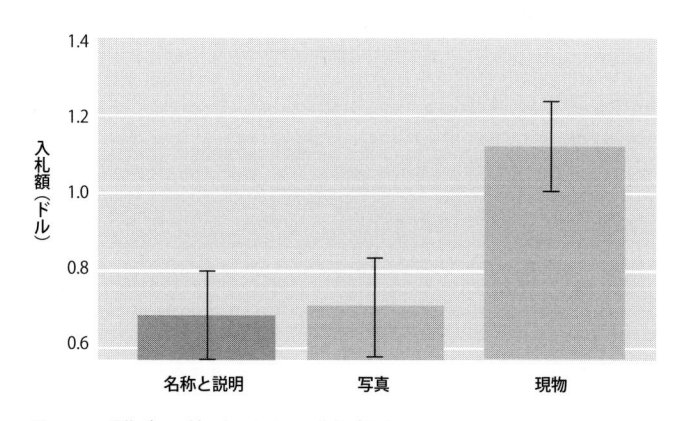

図100-1　現物が目の前にあるときの入札額が最高

現物が物を言う

「入札額」は写真があっても増えませんでしたが、現物が目の前にあると最大で6割も増えました。面白いことに、商品の提示方法を変えてもその品物の好き嫌いは変わりませんでしたが、入札額だけが変わりました。実験前に「好きではない」としていた品物の中に、現物が目の前にあるときにはそうでない時より高い値を付けていたものがあったのです。

オモチャやアクセサリーでは?

次に、食品の代わりにオモチャやアクセサリーを使って実験をしてみました。その結果は図100-2のとおりです。スナック菓子の場合と同様の結果が出ました。

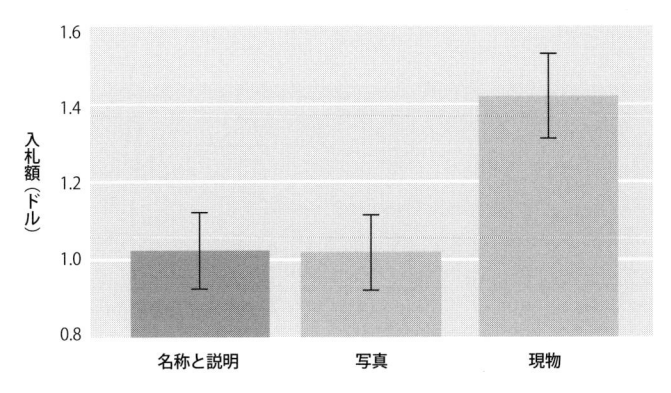

図100-2　オモチャやアクセサリーでも現物が目の前にあるときの入札額が最高

試食用サンプルでは?

ここで視点を変え、また食品に戻って、今度は試食用サンプルを使ってみました。商品そのものではなく試食用のサンプルだけを見たり試食したりしてもらったのです。ベン・ブションらは試食用サンプルなら商品自体が目の前にあるのと同じだろうと考えたのですが、これまた見込み違いでした。図100-3に示したように、試食用サンプルには商品そのものほどの効果がありませんでした。

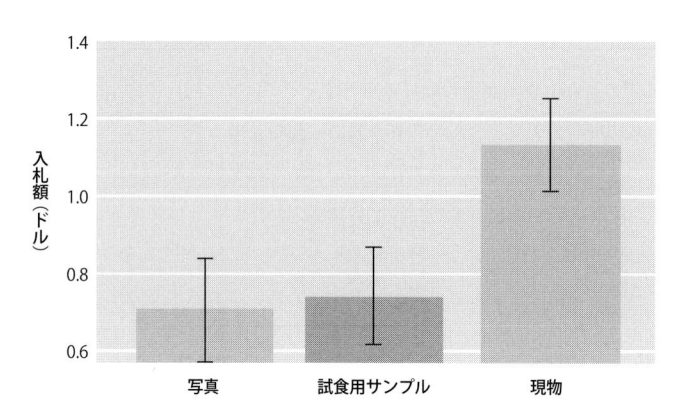

図100-3　試食用サンプルに実際の商品ほどの効果はなし

　試食用サンプルの場合、被験者は紙コップに入れられたサンプルを見もしなかったそうです。パッケージの中身と同じだということを知っていたからです。

嗅覚が関与？

　ベン・ブションらは、脳が無意識のうちに反応してしまう嗅覚的な手がかり（匂い）のようなものを食品が出しているのかもしれないと考え、また別の実験を行いました。食品をアクリルガラス越しに見せるようにしたのです。食品は見えるところにあるので、入札額はやや高くなるだろうが、食品を実際に手に取れる場合ほどは高くならないだろうと考えたわけです。「きっと嗅覚的な手がかりがあるに違いない！」そう思って実験をしてみましたが、オモチャやアクセサリーなど食品以外の品物の場合と同じ結果が出たため、匂いが手がかりになるわけではないことがわかりました。**図100-4**はアクリルガラスを使った実験の結果です。

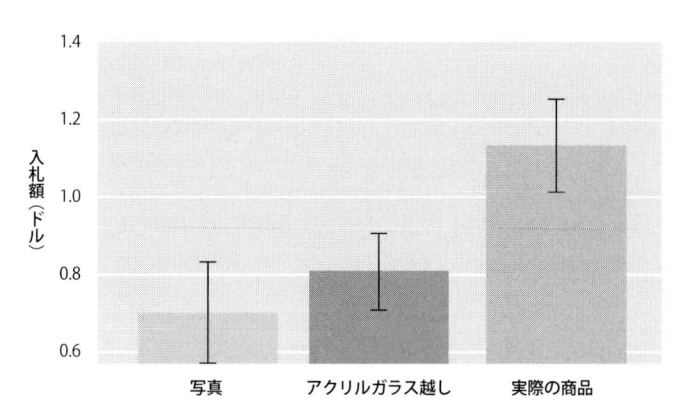

図100-4 「アクリルガラス越し」で入札額は上がったが、実際の商品ほどの効果はなし

条件反射？

結局、ブションらは条件反射だという仮説を立てました。つまり「品物が実際に手に取れる状態にあると、それが条件刺激となって反応を引き起こす。写真などのイメージや説明文も条件刺激となって同様の反応を引き起こす可能性はあるが、実際に目の前にある商品ほど強い反応を引き起こすような条件づけはされていない」という説です。

ポイント

- 実際の店舗は品揃えさえよければネットショップに対して優位を保つことができます（特に値段に関しては）。
- ただし商品がガラスケースに入れられているなど、何らかの障害物があると、顧客が進んで払おうと思う金額が下がってしまう恐れがあります。

訳者あとがき

　ここ何年か、できるだけ早起きして散歩をするようにしています。早朝の空気のすがすがしさも心地よいのですが、もうひとつ楽しみなのが美しい朝焼けです。特に冬の朝焼けは格別です。朝日が昇るだいぶ前から空の色が変わり始め、群青色から刻々と変化して濃い柿色になり、朝日が昇り始めるまで、少しずつ少しずつ微妙に変化していきます。

　そんな景色を眺めていると湧いてくるのが、「自然はなぜこんなにも美しいのだろうか」という疑問です。

　この本の8章に書かれていますが、人は文化の違いにかかわらず、丘、水、木々、鳥、動物、遠くへ続く道などが書かれた絵を好ましく思うそうです。水は生存に必要ですし、木々は捕食者がやってきたときに身を隠すのに最適、といったように、自分の生存にとって役に立つものを好ましく思うらしいのです。

　この本の論理に従うと、自然を美しく感じるのも人間が生き残るために必要だったということになりそうです。

　自然が美しいと思うことでなぜ人間が生き残ってきたのか、ひとつ思いついた理由があります。それは、「美しいものに接していたほうが気分がよい」ということです。美しい日の出を見れば「きれいだなあ〜。さあ、今日も一日がんばるか」という気分になります。池のそばを通って真っ白な鷺に出会えた日は、「今日もいいことありそうだ」と嬉しくなります。

　もしも人間が自然を美しいと思わない生物だったら、こんなことは感じずに、淡々と日々の生活を送るのでしょうか。人生を楽しんでいる人のほうが長生きはしそうですし、病気にもかかりにくそうです。地球上の自然を美しく思った原始人は、日々の生活をより楽しむことができ、より健康になり生き残ったが、そうでない原始人 ── 自然を見ても何も感じなかった原始人 ── は絶滅してしまった。そうでない原始人も山ほどいたけれど、「現在の自然を美しいと思うように生まれてきた原始人は生き残った」というわけです。

****

　訳しながらこういったことを考えさせてくれたこの本は、インタフェースデザインには直接かかわらない一般の人々にとっても、とても面白く興味深い本だと思います。長くても数ページ以内のトピックが100個、10の章に分かれて掲載されており、興味を

もったところから好きな順序で気軽に読み進めることができます。ちょっと時間が空いたとき、仕事に詰まって気分転換をしたくなったときに、手に取っていただくのに最適な読み物です。

それでいて、けっこう「深い」読み物でもあります。人間とは何か、無意識は何をしてくれているのか、「目から鱗」の考察がいっぱい詰まっています。

もちろん、この本が一番役に立つのはウェブサイトやアプリなど、各種のシステムのインタフェースデザインに関係している方々にとってでしょう。厳しい生存競争を勝ち抜いて「進化」するシステムを構築するために、心理学の博士号をもつ原著者がわかりやすくまとめてくれた、最新の研究成果がとても参考になるでしょう。

この本が人生をより豊かなものにしてくれる、美しくて使いやすい、優れたサイトやアプリが増えるひとつのきっかけになってくれるのではないかと期待しています。

最後になりますが、訳者の質問にいつもすぐに返事をくださった著者のスーザン・ワインチェンク氏、この興味深い本の翻訳の機会を与えてくださった株式会社オライリー・ジャパンの方々に深く感謝いたします。

2012年6月
訳者代表
マーリンアームズ株式会社　武舎 広幸

参考資料 REFERENCES

[**Alloway 2010**]　Tracy P. Alloway, R. Alloway (2010): "Investigating the predictive roles of working memory and IQ in academic attainment". *Journal of Experimental Child Psychology* 80(2): 606-21.

[**Anderson 2009**]　Cameron Anderson, G. Kilduff (2009): "Why do dominant personalities attain influence in face-to-face groups?". *Journal of Personality and Social Psychology* 96(2): 491-503.

[**Anderson 1978**]　Richard C. Anderson, J. Pichert (1978): "Recall of previously unrecallable information following a shift in perspective". *Journal of Verbal Learning and Verbal Behavior* 17: 1-12.

[**Aronson 1959**]　Elliot Aronson, J. Mills (1959): "The effect of severity of initiation on liking for a group". *U.S. Army Leadership Human Research Unit*.

[**Baddeley 1994**]　Alan D Baddeley (1994): "The magical number seven: Still magic after all these years?". *Psychological Review* 101: 353-6.

[**Baddeley 1986**]　Alan D. Baddeley (1986): *Working Memory*. New York: Oxford University Press.

[**Bahrami 2010**]　Bahador Bahrami, K. Olsen, P. E. Latham, A. Roepstorff, G. Rees, C. D. Frith (2010): "Optimally interacting minds". *Science* 329(5995): 1081-5. doi:10.1126/science.1185718.

[**Bandura 1999**]　Albert Bandura (1999): "Moral disengagement in the perpetration of inhumanities". *Personality and Social Psychology Review* 3(3): 193-209. doi:10.1207/s15327957pspr0303_3, PMID 15661671.

[**Bargh 1996**]　John Bargh, M. Chen, L. Burrows (1996): "Automaticity of social behavior: Direct effects of trait construct and stereotype". *Journal of Personality and Social Psychology* 71(2): 230-44.

[**Bayle 2009**]　Dimitri J. Bayle, M. Henaff, P. Krolak-Salmon (2009): "Unconsciously perceived fear in peripheral vision alerts the limbic system: A MEG study". *PLoS ONE* 4(12): e8207. doi:10.1371/journal.pone.0008207.

[**Bechara 1997**]　Antoine Bechara, H. Damasio, D. Tranel, A. Damasio (1997): "Deciding advantageously before knowing advantageous strategy". *Science* 275: 1293-5.

[**Begley 2010**]　Sharon Begley (2010): "West brain, East brain: What a difference culture makes". *Newsweek*, February 18, 2010.

[**Bellenkes 1997**]　Andrew H. Bellenkes, C. D. Wickens, A. F. Kramer (1997): "Visual scanning and pilot expertise: The role of attentional flexibility and mental model development". *Aviation, Space, and Environmental Medicine* 68(7): 569-79.

[**Belova 2007**]　Marina A. Belova, J. Paton, S. Morrison, C. Salzman (2007): "Expectation modulates neural responses to pleasant and aversive stimuli in primate amygdala". *Neuron* 55: 970-84.

[**Berman 2008**]　Marc G. Berman, J. Jonides, S. Kaplan (2008): "The cognitive benefits of interacting with nature". *Psychological Science* 19: 1207-12.

[**Berns 2001**]　Gregory S. Berns, S. McClure, G. Pagnoni, P. Montague (2001): "Predictability modulates human brain response to reward". *The Journal of Neuroscience* 21(8): 2793-8.

[**Berridge 1998**]　Kent Berridge, T. Robinson (1998): "What is the role of dopamine in reward: Hedonic impact, reward learning, or incentive salience?". *Brain Research Reviews* 28: 309.69.

[Biederman 1985] Irving Biederman (1985): "Human image understanding: Recent research and a theory". *Computer Vision, Graphics, and Image Processing*. Elsevier.

[Broadbent 1975] Donald Broadbent (1975): "The magic number seven after fifteen years" (A. Kennedy, A. Wilkes編). Volume 32, Issue 1, October 1985, Pages 29-73. *Studies in Long-Term Memory*, London: Wiley.

[Bushong 2010] Ben Bushong, L. M. King, C. F. Camerer, A. Rangel (2010): "Pavlovian processes in consumer choice: The physical presence of a good increases willingness-to-pay". *American Economic Review* 100: 1-18.

[Canessa 2009] Nicola Canessa, M. Motterlini, C. Di Dio, D. Perani, P. Scifo, S. F. Cappa, G. Rizzolatti (2009): "Understanding others' regret: A FMRI study". *PLoS One* 4(10): e7402.

[Carey 1986] Susan Carey (1986): "Cognitive science and science education". *American Psychologist* 41(10): 1123-30.

[Cattell 1886] James M. Cattell (1886): "The time taken up by cerebral operations". *Mind* 11: 377-92.

[Chabris 2010] Christopher Chabris, D. Simons (2010): *The Invisible Gorilla*. New York: Crown Archetype. (邦題『錯覚の科学』木村博江訳、文藝春秋)

[Chartrand 1999] Tanya L. Chartrand, J. Bargh (1999): "The chameleon effect: The perception-behavior link and social interaction". *Journal of Personality and Social Psychology* 76(6): 893-910.

[Chen 2008] Yi-Fen Chen (2008): "Herd behavior in purchasing books online". *Computers in Human Behavior* 24: 1977-92.

[Christoff 2009] Kalina Christoff, A. M. Gordon, J. Smallwood, R. Smith, J. Schooler (2009): "Experience sampling during fMRI reveals default network and executive system contributions to mind wandering". *Proceedings of the National Academy of Sciences* 106(21): 8719-24.

[Chua 2005] Hannah F. Chua, J. E. Boland, R. E. Nisbett (2005): "Cultural variation in eye movements during scene perception". *Proceedings of the National Academy of Sciences* 102: 12629-33.

[Clem 2010] Roger Clem, R. Huganir (2010): "Calcium-permeable AMPA receptor dynamics mediate fear memory erasure". *Science* 330(6007): 1108-12.

[Cowan 2001] Nelson Cowan (2001): "The magical number 4 in short-term memory: A reconsideration of mental storage capacity". *Behavioral and Brain Sciences* 24: 87-185.

[Craik 1943] Kenneth Craik (1943): *The Nature of Explanation*. Cambridge (UK) University Press.

[Csikszentmihalyi 2008] Mihaly Csikszentmihalyi (2008): *Flow: The Psychology of Optimal Experience*. New York: Harper and Row.

[Custers 2010] Ruud Custers, H. Aarts (2010): "The unconscious will: How the pursuit of goals operates outside of conscious awareness". *Science* 329(5987): 47-50. doi:10.1126/science.1188595.

[Darley 1973] John Darley, C. Batson (1973): "From Jerusalem to Jericho: A study of situational and dispositional variables in helping behavior". *Journal of Personality and Social Psychology* 27: 100-108.

[Davidson 1999] Mary Jo Davidson, Laura Dove, Julie Weltz (1999) : "Mental Models and Usability" (http://www.lauradove.info/reports/mental%20models.htm).

[**Davis 2010**]　Joshua I. Davis, A. Senghas, F. Brandt, K. Ochsner (2010): "The effects of BOTOX injections on emotional experience". *Emotion* 10(3): 433-40.

[**Deatherage 1972**]　B. H. Deatherage (1972): "Auditory and other sensory forms of information presentation" (H. P. Van Cott, R. G. Kincade 編). *Human Engineering Guide to Equipment Design*, Washington, DC: U.S. Government Printing Office.

[**De Vries 2010**]　Marieke De Vries, R. Holland, T. Chenier, M. Starr, P. Winkielman (2010): "Happiness cools the glow of familiarity: Psychophysiological evidence that mood modulates the familiarity-affect link". *Psychological Science* 21: 321-8.

[**De Vries 2008**]　Marieke De Vries, R. Holland, C. Witteman (2008): "Fitting decisions: Mood and intuitive versus deliberative decision strategies". *Cognition and Emotion* 22(5): 931-43.

[**Dietrich 2004**]　Arne Dietrich (2004): "The cognitive neuroscience of creativity". *Psychonomic Bulletin and Review* 11(6): 1011-26.

[**Duchenne 1855**]　Guillaume Duchenne (1855): *De l'Électrisation Localisée et de son Application à la Physiologie, à la Pathologie et a la Thérapeutique*. Paris: J.B. Bailliere.

[**Dunbar 1998**]　Robin Dunbar (1998): *Grooming, Gossip, and the Evolution of Language*. Cambridge, MA: Harvard University Press. (邦題『ことばの起源 ― 猿の毛づくろい、人のゴシップ』松浦俊輔他訳、青土社)

[**Dutton 1998**]　Denis Dutton (2010): *The Art Instinct: Beauty, Pleasure, and Human Evolution*. Bloomsbury Press.

[**Dyson 2004**]　Mary C. Dyson (2004): "How physical text layout affects reading from screen". *Behavior and Information Technology* 23(6): 377-93.

[**Ebbinghaus 1886**]　Hermann Ebbinghaus (1886): "A supposed law of memory". *Mind* 11(42).

[**Emberson 2010**]　Lauren L. Emberson, G. Lupyan, M. Goldstein, M. Spivey (2010): "Overheard cellphone conversations: When less speech is more distracting". *Psychological Science* 21(5): 682-91.

[**Ekman 2007**]　Paul Ekman (2007): *Emotions Revealed: Recognizing Faces and Feelings to Improve Communication and Emotional Life, 2nd ed*. New York: Owl Books. (邦題『顔は口ほどに嘘をつく』菅靖彦訳、河出書房新社)

[**Ekman 2009**]　Paul Ekman (2009): *Telling Lies: Clues to Deceit in the Marketplace, Politics, and Marriage, 3rd ed*. New York: W. W. Norton. (邦題『暴かれる嘘 ― 虚偽を見破る対人学』工藤力訳、誠信書房)

[**Festinger 1956**]　Leon Festinger, H. W. Riecken, S. Schachter (1956): *When Prophecy Fails*. Minneapolis: University of Minnesota Press. (邦題『予言がはずれるとき ― この世の破滅を予知した現代のある集団を解明する』水野博介訳、勁草書房)

[**Gal 2010**]　David Gal, D. Rucker (2010): "When in doubt, shout". *Psychological Science*. October 13, 2010.

[**Garcia 2009**]　Stephen Garcia, A. Tor (2009): "The N effect: More competitors, less competition". *Psychological Science* 20(7): 871-77.

[**Gentner 1983**]　Dedre Gentner, A. Stevens (1983): *Mental Models*. Lawrence Erlbaum Associates.

[**Gibson 1979**]　James Gibson (1979): *The Ecological Approach to Visual Perception*. Boston: Houghton Mifflin. (邦題『生態学的視覚論 ― ヒトの知覚世界を探る』古崎敬他訳、サイエンス社)

[Gilbert 2007]　　Daniel Gilbert (2007): *Stumbling on Happiness*. New York: A.A. Knopf.（邦題『幸せはいつもちょっと先にある ── 期待と妄想の心理学』熊谷淳子訳、早川書房）

[Goodman 1996]　　Kenneth S. Goodman (1996): *On Reading*. Portsmouth, NH: Heinemann.

[Haidt 2008]　　Jonathan Haidt, P. Seder, S. Kesebir (2008): "Hive psychology, happiness, and public policy". *Journal of Legal Studies* 37.

[Hancock 2004]　　Jeffrey T. Hancock, J. Thom-Santelli, T. Ritchie (2004): "Deception and design: the impact of communication technology on lying behavior". *Proceedings of the SIGHCHI Conference on Human Factors in Computing Systems*. New York: ACM.

[Hancock 2008]　　Jeffrey T. Hancock, L. E. Currya, S. Goorhaa, M. Woodworth (2008): "On lying and being lied to: A linguistic analysis of deception in computer-mediated communication" (http://www.informaworld.com/). 45(1): 1-23.

[Havas 2010]　　David A. Havas, A. M. Glenberg, K. A. Gutowski, M. J. Lucarelli, R. J. Davidson (2010): "Cosmetic use of botulinum toxin-A affects processing of emotional language". *Psychological Science* 21(7): 895-900.

[Hsee 2010]　　Christopher K. Hsee, X. Yang, L. Wang (2010): "Idleness aversion and the need for justified busyness". *Psychological Science* 21(7): 926-30.

[Hubel 1959]　　David H. Hubel, T. N. Wiesel (1959): "Receptive fields of single neurones in the cat's striate cortex". *Journal of Physiology* 148: 574-91.

[Hull 1934]　　Clark L. Hull (1934): "The rats' speed of locomotion gradient in the approach to food". *Journal of Comparative Psychology* 17(3): 393-422.

[Hupka 1997]　　Ralph Hupka, Z. Zbigniew, O. Jurgen, L. Reidl, N. Tarabrina (1997): "The colors of anger, envy, fear, and jealousy: A cross-cultural study". *Journal of Cross-Cultural Psychology* 28(2): 156-71.

[Hyman 2009]　　Ira Hyman, S. Boss, B. Wise, K. McKenzie, J. Caggiano (2009): "Did you see the unicycling clown? Inattentional blindness while walking and talking on a cell phone". *Applied Cognitive Psychology*. doi:10.1002/acp.1638.

[Iwata 2007]　　岩田誠，河村満 編 (2007):『神経文字学 ── 読み書きの神経科学』医学書院.

[Iyengar 2000]　　Sheena Iyengar, M. R. Lepper (2000): "When choice is demotivating: Can one desire too much of a good thing?". *Journal of Personality and Social Psychology* 70(6): 996-1006.

[Iyengar 2010]　　Sheena Iyengar (2010): *The Art of Choosing*. New York: Twelve.（邦題『選択の科学 ── コロンビア大学ビジネススクール特別講義』櫻井祐子訳、文藝春秋）

[Ji 2007]　　Daoyun Ji, M. Wilson (2007): "Coordinated memory replay in the visual cortex and hippocampus during sleep". *Nature Neuroscience* 10: 100-107.

[Johnson-Laird 1986]　　Philip Johnson-Laird (1986): *Mental Models*. Cambridge, MA: Harvard University Press.（邦題『メンタルモデル ── 言語・推論・意識の認知科学』AIUEO訳、産業図書）

[Kahn 2009]　　Peter H. Kahn, Jr., R. L. Severson, J. H. Ruckert (2009): "The human relation with nature and technological nature". *Current Directions in Psychological Science* 18: 37-42.

[Kang 2008]　　Neung E. Kang, W. C. Yoon (2008): "Age- and experience-related user behavior differences in the use of complicated electronic devices". *International Journal of Human-Computer Studies* 66: 425-37.

[Kanwisher 1997]　　Nancy Kanwisher, J. McDermott, M. Chun (1997): "The fusiform face area: A module in human extrastriate cortex specialized for face perception". *Journal of Neuroscience* 17(11): 4302-11.

[**Kawai 2000**]　Nobuyuki Kawai, T. Matsuzawa (2000): "Numerical memory span in a chimpanzee". *Nature* 403: 39-40.

[**Keller 1987**]　John M Keller. (1987): "Development and use of the ARCS model of instructional design". *Journal of Instructional Development* 10(3): 2-10.

[**Kivetz 2006**]　Ran Kivetz, O. Urminsky, U. Zheng (2006): "The goal-gradient hypothesis resurrected: Purchase acceleration, illusionary goal progress, and customer retention". *Journal of Marketing Research* 39: 39-58.

[**Knutson 2001**]　Brian Knutson, C. Adams, G. Fong, D. Hummer (2001): "Anticipation of increased monetary reward selectively recruits nucleus accumbens". *Journal of Neuroscience* 21.

[**Koo 2010**]　Minjung Koo, A. Fishbach (2010): "Climbing the goal ladder: How upcoming actions increase level of aspiration". *Journal of Personality and Social Psychology* 99(1): 1-13.

[**Krienen 2010**]　Fenna M. Krienen, Tu Pei-Chi, Randy L. Buckner (2010): "Clan mentality: Evidence that the medial prefrontal cortex responds to close others". *The Journal of Neuroscience* 30(41): 13906-15. doi:10.1523/JNEUROSCI.2180-10.2010.

[**Krug 2005**]　Steve Krug (2005): *Don't Make Me Think!*. Berkeley, CA: New Riders.（邦題『ウェブユーザビリティの法則 ― ユーザーに考えさせないためのデザイン・ナビゲーション・テスト手法 第2版』中野恵美子訳、ソフトバンククリエイティブ）

[**Krumhuber 2009**]　Eva G. Krumhuber, A. Manstead (2009): "Can Duchenne smiles be feigned? New evidence on felt and false smiles". *Emotion* 9(6): 807-20.

[**Kurtzberg 2005**]　Terri Kurtzberg, C. Naquin, L. Belkin (2005): "Electronic performance appraisals: The effects of e-mail communication on peer ratings in actual and simulated environments". *Organizational Behavior and Human Decision Processes* 98(2): 216-26.

[**Lally 2010**]　Phillippa Lally, H. van Jaarsveld, H. Potts, J. Wardle (2010): "How are habits formed: Modelling habit formation in the real world". *European Journal of Social Psychology* 40(6): 998-1009.

[**Larson 2009**]　Adam Larson, L. Loschky (2009): "The contributions of central versus peripheral vision to scene gist recognition". *Journal of Vision* 9(10:6): 1-16. doi:10.1167/9.10.6.

[**Latane 1970**]　Bibb Latane, J. Darley (1970): *The Unresponsive Bystander*. Upper Saddle River, NJ: Prentice Hall.（邦題『冷淡な傍観者 ― 思いやりの社会心理学』ブレーン出版）

[**LeDoux 2000**]　Joseph LeDoux (2000): "Emotion circuits in the brain". *Annual Review of Neuroscience* 23: 155-84.

[**Lehrer 2010**]　Jonah Lehrer (2010): "Why social closeness matters" (http:// bit.ly/fkGlgF). *The Frontal Cortex blog*.

[**Lepper 1973**]　Mark Lepper, D. Greene, R. Nisbett (1973): "Undermining children's intrinsic interest with extrinsic rewards". *Journal of Personality and Social Psychology* 28: 129-37.

[**Loftus 1974**]　Elizabeth Loftus, J. Palmer (1974): "Reconstruction of automobile destruction: An example of the interaction between language and memory". *Journal of Verbal Learning and Verbal Behavior* 13: 585-9.

[**Looser 2010**]　Christine E. Looser, T. Wheatley (2010): "The tipping point of animacy: How, when, and where we perceive life in a face". *Psychological Science* 21(12): 1854-62.

[Lupien 2007]　Sonia J. Lupien, F. Maheu, M. Tu, A. Fiocco, T. E. Schramek (2007): "The effects of stress and stress hormones on human cognition: Implications for the field of brain and cognition". *Brain and Cognition* 65: 209-37.

[Mandler 1969]　George Mandler (1969): "Input variables and output strategies in free recall of categorized lists". *The American Journal of Psychology* 82(4).

[Mason 2007]　Malia F. Mason, M. Norton, J. Van Horn, D. Wegner, S. Grafton, C. Macrae (2007): "Wandering minds: The default network and stimulus-independent thought". *Science* 315(5810): 393-5.

[Medina 2009]　John Medina (2009): *Brain Rules*. Seattle, WA: Pear Press. (邦題『ブレイン・ルール ─ 脳の力を100%活用する』日本放送出版協会)

[Mednick 2006]　Sara Mednick, M. Ehrman (2006): *Take a Nap! Change Your Life*. New York: Workman Publishing Company. (邦題『「ちょっと寝」があなたの人生を変える！』鹿田昌美訳、サンマーク出版)

[Miller 1956]　George A. Miller (1956): "The magical number seven plus or minus two: Some limits on our capacity for processing information". *Psychological Review* 63: 81-97.

[Mischel 2010]　Walter Mischel, O. Ayduk, M. Berman, B. J. Casey, I. Gotlib, J. Jonides, E. Kross, N. Wilson, V. Zayas, Y. Shoda (2010): "Willpower over the life span: Decomposing self-regulation". *Social Cognitive and Affective Neuroscience*, Oxford University Press.

[Mitchell 1997]　Terence R. Mitchell, L. Thompson, E. Peterson, R. Cronk (1997): "Temporal adjustments in the evaluation of events: The 'rosy view'". *Journal of Experimental Social Psychology* 33(4): 421-48.

[Mogilner 2009]　Cassie Mogilner, J. Aaker (2009): "The time versus money effect: Shifting product attitudes and decisions through personal connection". *Journal of Consumer Research* 36: 277-91.

[Mojzisch 2010]　Andreas Mojzisch, S. Schulz-Hardt (2010): "Knowing others' preferences degrades the quality of group decisions". *Journal of Personality and Social Psychology* 98(5): 794-808.

[Mondloch 1999]　Catherine J. Mondloch, T. L. Lewis, D. R. Budrea, D. Maurer, J. L. Dannemiller, B. R. Stephens, K. A. Keiner-Gathercole (1999): "Face perception during early infancy". *Psychological Science* 10: 419-22.

[Morrell 2000]　Roger Morrell 他 (2000): "Effects of age and instructions on teaching older adults to use Eldercomm, an electronic bulletin board system". *Educational Gerontology* 26: 221-35.

[Nisbett 2003]　Richard Nisbett (2003): *The Geography of Thought: How Asians and Westerners Think Differently...and Why*. Free Press. (邦題『木を見る西洋人　森を見る東洋人 ─ 思考の違いはいかにして生まれるか』村本由紀子訳、ダイヤモンド社)

[Naquin 2010]　Charles E. Naquin, T. R. Kurtzberg, L. Y. Belkin (2010): "The finer points of lying online: e-mail versus pen and paper". *Journal of Applied Psychology* 95(2): 387-94.

[Neisser 1992]　Ulric Neisser, N. Harsh (1992): "Phantom flashbulbs: False recollections of hearing the news about Challenger" (E. Winograd, U. Neisser編). *Affect and Accuracy in Recall*, Cambridge (UK) University Press: 9-31.

[Norman 1988]　Don Norman (1988): *The Psychology of Everyday Things*（2002年発行版は *The Design of Everyday Things* というタイトル）. New York: Basic Books. (邦題『誰のためのデザ

イン？ ── 認知科学者のデザイン原論』野島久雄訳、新曜社）

[**Ophir 2009**] Eyal Ophir, C. Nass, A. Wagner (2009): "Cognitive control in media multitaskers" (http://www.pnas.org/content/106/37/15583). *Proceedings of the National Academy of Sciences*, September 15, 2009.

[**Paap 1984**] Kenneth R. Paap, S. L. Newsome, R. W. Noel (1984): "Word shape's in poor shape for the race to the lexicon". *Journal of Experimental Psychology: Human Perception and Performance* 10: 413-28.

[**Palmer 1981**] Stephen E. Palmer, E. Rosch, P. Chase (1981): "Canonical perspective and the perception of objects" (J. Long, A. Baddeley編). *Attention and Performance IX*, Hillsdale, NJ: Erlbaum.

[**Perfect 2008**] Timothy Perfect, G. Wagstaff, D. Moore, B. Andrews, V. Cleveland, K. Newcombe, L. Brown (2008): "How can we help witnesses to remember more? It's an (eyes) open and shut case". *Law and Human Behavior* 32(4): 314-24.

[**Pierce 2001**] Karen Pierce, R. Müller, J. Ambrose, G. Allen, E. Courchesne (2001): "Face processing occurs outside the fusiform `face area' in autism: Evidence from functional MRI". *Brain* 124(10): 2059-73.

[**Pink 2009**] Daniel Pink (2009): *Drive*. New York: Riverhead Books.（邦題『モチベーション3.0 ── 持続する「やる気！」をいかに引き出すか』大前研一訳、講談社）

[**Provine 2001**] Robert Provine (2001): *Laughter: A Scientific Investigation*. New York: Viking.

[**Ramachandran 2010**] V. S. Ramachandran (2010): TEDでの講演 (http://www.ted.com/talks/vs_ramachandran_the_neurons_that_shaped_civilization.html).

[**Rao 2001**] Stephen Rao, A. Mayer, D. Harrington (2001): "The evolution of brain activation during temporal processing". *Nature and Neuroscience* 4: 317-23.

[**Rayner 1998**] Keith Rayner (1998): "Eye movements in reading and information processing: 20 years of research". *Psychological Review* 124(3): 372-422.

[**Reason 1990**] James Reason (1990): *Human Error*. New York: Cambridge University Press.（邦題『ヒューマンエラー ── 認知科学的アプローチ』林喜男訳、海文堂出版）

[**Salimpoor 2011**] Valorie N. Salimpoor, M. Benovoy, K. Larcher, A. Dagher, R. Zatorre (2011): "Anatomically distinct dopamine release during anticipation and experience of peak emotion to music". *Nature Neuroscience*. doi:10.1038/nn.2726.

[**Sauter 2010**] Disa Sauter, F. Eisner, P. Ekman, S. K. Scott (2010): "Cross-cultural recognition of basic emotions through nonverbal emotional vocalizations". *Proceedings of the National Academy of Sciences* 107(6): 2408-12.

[**Shappell 2000**] Scott A. Shappell, Douglas A. Wiegmann (2000): "The Human Factors Analysis and Classification System ── HFACS". *U.S. Department of Transportation Federal Aviation Administration, February 2000 Final Report*.

[**Sillence 2004**] Elizabeth Sillence, P. Briggs, L. Fishwick, P. Harris (2004): "Trust and mistrust of online health sites". *CHI'04 Proceedings of the SIGCHI Conference on Human Factors in Computer Systems*. New York: ACM.

[**Solso 2005**] Robert Solso, K. Maclin, O. MacLin (2005): *Cognitive Psychology, 7th ed.* Boston: Allyn and Bacon.

[**Song 2008**] Hyunjin Song, N. Schwarz (2008): "If it's hard to read, it's hard to do: Processing fluency affects effort prediction and motivation". *Psychological Science* 19: 986-8.

[St. Claire 2010]　Lindsay St. Claire, R. Hayward, P. Rogers (2010): "Interactive effects of caffeine consumption and stressful circumstances on components of stress: Caffeine makes men less, but women more effective as partners under stress". *Journal of Applied Social Psychology* 40(12): 3106-29. doi:10.1111/j.1559.

[Stephens 2010]　Greg Stephens, L. Silbert, U. Hasson (2010): "Speaker — listener neural coupling underlies successful communication". *Proceedings of the National Academy of Sciences*, July 27, 2010.

[Szameitat 2010]　Diana Szameitat, B. Kreifelts, K. Alter, A. Szameitat, A. Sterr, W. Grodd, D. Wildgruber (2010): "It is not always tickling: Distinct cerebral responses during perception of different laughter types". *NeuroImage* 53(4): 1264-71. doi:10.1016/j.neuroimage.2010.06.028

[Ulrich 1984]　Roger S. Ulrich (1984): "View through a window may influence recovery from surgery". *Science* 224: 420-1.

[Ulrich-Lai 2010]　Yvonne M. Ulrich-Lai他 (2010): "Pleasurable behaviors reduce stress via brain reward pathways". *Proceedings of the National Academy of Sciences of the United States of America*, November 2010.

[Van Der Linden 2001]　Dimitri Van Der Linden, S. Sonnentag, M. Frese, C. van Dyck (2001): "Exploration strategies, error consequences, and performance when learning a complex computer task". *Behaviour and Information Technology* 20: 189-98.

[Van Veen 2009]　Vincent Van Veen, M. K. Krug, J. W. Schooler, C. S. Carter (2009): "Neural activity predicts attitude change in cognitive dissonance". *Nature Neuroscience* 12(11): 1469-74.

[Wagner 2004]　Ullrich Wagner, S. Gais, H. Haider, R. Verleger, J. Born (2004): "Sleep inspires insight". *Nature* 427(6972): 304-5.

[Weiner 2009]　Eric Weiner (2009): *The Geography of Bliss*. New York: Twelve.

[Weinschenk 2008]　Susan Weinschenk (2008): *Neuro Web Design: What Makes Them Click?*. Berkeley, CA: New Riders.

[Wiltermuth 2009]　Scott Wiltermuth, C. Heath (2009): "Synchrony and cooperation". *Psychological Science* 20(1): 1-5.

[Wohl 2010]　M. Wohl, T. Pychyl, S. Bennett (2010): "I forgive myself, now I can study: How self-forgiveness for procrastinating can reduce future procrastination". *Personality and Individual Differences* 48(7): 803-8.

[Wolf 2008]　Maryanne Wolf (2008): *Proust and the Squid: The Story and Science of the Reading Brain*. Harper.（邦題『プルーストとイカ ─ 読書は脳をどのように変えるのか？』小松淳子訳、青土社）

[Yarbus 1967]　Alfred L. Yarbus (1967): *Eye Movements and Vision* (B. Haigh訳). New York: Plenum.

[Yerkes 1908]　Robert M. Yerkes, J. D. Dodson (1908): "The relation of strength of stimulus to rapidity of habit-formation" (http://psychclassics.yorku.ca/Yerkes/Law/). *Journal of Comparative Neurology and Psychology* 18: 459-482.

[Young 2008]　Indi Young (2008): *Mental Models*. Rosenfeld Media.

[Zagefka 2010]　Hanna Zagefka, M. Noor, R. Brown, G. de Moura, T. Hopthrow (2010): "Donating to disaster victims: Responses to natural and humanly caused events". *European Journal of Social Psychology*. doi:10.1002/ejsp.781.

[**Zihui 2008**]　Lu Zihui, M. Daneman, E. Reingold (2008): "Cultural differences in cognitive processing style: Evidence from eye movements during scene processing" (http://csjarchive.cogsci.rpi.edu/ proceedings/2008/pdfs/p2428.pdf). *CogSci 2008 Proceedings: 30th Annual Conference of the Cognitive Science Society*: July 23-26, 2008, Washington, DC, USA.

[**Zimbardo 2009**]　Philip Zimbardo, J. Boyd (2009): *The Time Paradox: The New Psychology of Time That Will Change Your Life*. New York: Free Press. （邦題『迷いの晴れる時間術』栗木さつき訳、ポプラ社）

索引 Index

■■■記号・アルファベット■■■

1セント硬貨……119
2D（二次元）……4
3D（三次元）……4
4の法則……50
7±2説……49
App Inventor……165
ARCSモデル（動機付けモデル）……69
DropBox……132, 138
eラーニング……197
Flesch-Kincaid式……33
fMRI（機能的核磁気共鳴画像法）……46, 76, 95, 151, 171, 182, 183, 192, 198, 206
GMAT（ジーマット）……244
HFACS（人的要因分析・分類システム）……225
InformationIsBeautiful.net……27
LinkedIn（リンクトイン）……146
MailChimp……66, 88, 146
MPFC（内側前頭前皮質）……184, 186
N効果……164
PET（ポジトロン断層法）……206
QC（Quality Control：品質管理）……92
SAT（米国の大学進学適性試験）……151, 164
SCR（皮膚コンダクタンス測定装置）……232
TED動画……117, 172
UCD（ユーザー中心設計）……82
Wikipedia……146
X染色体……23
x-height（エックスハイト）……40

■■■あ行■■■

アイコン……58, 226
愛着……207
アイデア……99
赤と青の組み合わせ……22
新しい脳……123, 233
アップル派……75
アニメーション……72, 108
アハ体験……96
アフォーダンス……15
　　画面表示と～……16
　　ハイパーリンクと～……17
アフォーダンス・キュー……16
甘いものとストレス……219
あらまし……5
アルゴリズム的な仕事……145
アロマ……196
アンチエイジング……192
怒り……190
意見が合う／合わない……183
意思決定……240
　　グループによる～……242
忙しい……200
一次運動野……171
一次視覚皮質……196
一人称……180
イライラ度……200
医療機器……214
色……23
　　～の意味……27
　　～は精神状態に影響……28
色立体視……22
因果関係……85
インスタントメッセージ……180
インタフェース設計……78
韻文……58
ウィンドウズ派……75
ウェブサイトの設計……68
ウェブユーザビリティ……153
動き……123
嘘……179
内側前頭前皮質（MPFC）……184, 186
嬉しい出来事……209
運転……73, 93, 120
運動……70, 139
運動制御エラー……223
運動負荷の計算式……71
運命……85
映画……197, 212, 240
影響力……237
影響を受けやすい……248
映像……89
笑顔……187
エキスパート……53
エックスハイト（x-height）……40
エラー……2, 55, 213
　　～の対処法……226
　　～のタイプ……223
　　～を想定する……214
　　年配者が犯す～……226
　　プラスの～……221
　　マイナスの～……221
エラーメッセージ……214
絵を描く……144
老い……248
オープンソース運動……146
大文字……30
お金……238
恐れ……190
音……89, 123, 126
驚き……190
オピオイド……139
オプション……221
オペラント条件付け……135
オペラント理論とデザイン……137
思いどおりにしたい……236
オモチャやアクセサリー……251
音韻符号化……58
音楽……113, 206, 236
オンラインでの交流……176

■■■か行■■■

カーソル……72
カードソート（カード分類）……91
会議……242
外的報酬……144
概念モデル……81
海馬……63
会話……176
顔……9, 123, 125
香り……196
確信がないとき……246
覚醒……217
楽譜……31, 113
カジノ……236
　　～の知恵……135
画像……72, 89
学校の成績……47
活性化……218
カテゴリ……91
可読性尺度……33

悲しみ……190, 211
カニッツァの三角形……2
我慢……151
髪の毛……53
仮眠……99
画面上に点滅するもの……5
画面の端……13
画面表示とアフォーダンス……16
カラーホイール……27
カラム幅……43
感覚器官……128
間隔スケジュール……135
感じ……204
感情……190, 196
杆状体……3
感情的……96
感情と筋肉の動き……192
感動……206
頑張る……200
顔面筋……187, 190
眼輪筋……187
関連性……69
キーボード……72
記憶……46, 52, 57, 196
　　〜に残る……35
　　〜の再構築……59
　　〜の劣化を表す式……61
　　鮮明な〜……63
記憶中枢……194
記憶力……218
記憶力テスト……45, 51, 55
幾何形態（ジオン）……7
危険……110, 123, 232
希少性……207
絆……168, 174, 185
犠牲……85
帰属の誤り……159
機能的核磁気共鳴画像法（fMRI）……46, 76, 95, 151, 171, 182, 183, 192, 198, 206
寄付……160
気分……139, 240
　　〜を変える……212
逆唱……203
ギャンブル……192, 232
休暇……210

嗅覚……128, 196, 252
強化刺激……135
共感……171
競争意欲……164
共通点……183
行の長さ……43
金額……238
緊急度……94
近接……21
金銭的な報酬……145
口……53
クリエイティブ……96
クリック……70, 113
　　〜の回数……68
グループ……21
　　〜による意思決定……242
グルココルチコイド……218
経験則……230
警告……116
警告音……126
計算……99
携帯電話……120, 141
系統的探索……226
軽蔑……190
ゲーム……72, 232
決断……229
　　〜のしかた……240
　　無意識の〜……230
決定権……237
嫌悪……190
原始人……6, 140
コイン……119
行為の自動化……162
行動原理……153
購買意欲……238
幸福感……174
幸福度……205, 209
効率的……153
コーヒー……132
コーヒーカップの絵……11
コカイン……145
五感……128
固視……30
　　サッカードと〜……44
個人主義的……104

個人情報の入力……177
固定間隔……135
固定的探索……226
固定比率……136
コミュニケーション……86
小文字……30
ゴリラビデオ……19
コンテキスト（文脈）……55
コンピュータ画面……42

■■さ行■■

サイクリング……238
サイコグラフィックス……189
サイトを覗いてもらえる時間……117
再描画（リフレッシュ）……42
最良化……153
作業記憶……46
作業効率……217
サッカード……30
　　〜と固視……44
錯覚……65, 93
　　目の〜……3
作動記憶……46
三次元（3D）……4
サンセリフ……37
三人称……180
ジェスチャー……172, 190
ジオン（幾何形態）……7
視覚……1, 70, 128
視覚野……4, 9
　　〜の活性度……7
時間……93, 238
時間感覚……94, 102
色覚異常……23
識字率……29
識別……7
視距離……22
刺激……126
　　〜の有無……129
　　〜の感知……129
思考……139
　　〜が麻痺……234
試行錯誤的探索……226
至高体験……210
自己中心的……159

索引 267

視床……196
試食……234, 251
自信……69
視線……3
自然災害……160
視線追跡……9, 19, 104
自然発生的……96, 98
失脚……85
視点……12
シナプス間隙……52
支配……236, 244
自閉症……9
視野……14, 19
社会集団の上限……168
社会的証明……246, 248
社会的な交流のルール……176
写真……108, 188
ジャムの法則……234
習慣……162
宗教体験……99
集団的意思決定……242
周辺視野……5, 20, 31
熟達……146
熟練の技……113
取捨選択（フィルタリング）……111
主張……75
熟考的……96, 97
順唱……203
状況的要因……160
条件反射……253
証人の証言……59
情報……1
　　〜の取捨選択……111
　　〜の処理……66
　　〜の整理……91
　　〜を覚えておく……52
情報探索中毒……139
情報認識……55
省略エラー……223
ショートカット……100, 157
初期状態……157
食品……251
所持品検査……115
触覚……128
所有……239

処理能力……234
自律性……165
親近感……239
新近性効果……57
シングルカラム……44
神経細胞（ニューロン）……52
信号検出理論……128
人災……160
信条……230
新生児……171
心的外傷……64
心的資源……70
心的な処理……194
人的要因（ヒューマンファクター）……70
人的要因分析・分類システム（HFACS）
　　……225
信念……75, 111
審判……243
進歩……146
心理学の研究成果……105
錐状体……3
スイスチーズ・モデル……224
睡眠……58, 139
数唱……203
スキーマ……52
スクリーンショット……89
図形パターン……7
スズキ・メソード……113
「図と地」の関係……105
ストレス……47, 111, 216, 218
スライダー……221
青黄色覚異常……23
性格の要因……160
赤緑色覚異常……23
精神状態と色……28
成長……85
生命維持……140
西洋人……104
セサミストリート……91
セックス……110, 123, 219
説得力……248
接尾効果……57
セミナー講師……84
セリフとサンセリフ……37
セルフサービス……165

前運動皮質……171
閃光記憶……63
線条体……206
選択……234
選択肢……236
　　〜が多すぎる……234
選択的注意……108
前頭前皮質……46, 76, 97, 103
線の太さ……23
想起課題……55
相互関係……230
喪失……211
創造性の4タイプ……96
ソーシャルメディア……141, 169, 176, 184
側坐核……145, 198, 206

■■■た行■■■

対応バイアス……159
大頬骨筋……187
退屈な作業……100, 150, 220
体験……64, 76, 102, 207, 236, 239
　　旅行の〜……210
第三者効果……249
帯状回……98
怠惰……153
態度……190
大脳基底核……95, 98, 103
大脳新皮質……168
大脳皮質……123, 196
大脳辺縁系……123
タイポグラフィ……38
対話……177, 180
戦い……85
他人の行動……159
楽しい思い出を作る方法……210
タバコ……145
食べ物……110, 123, 141, 196
だまされやすい……249
段階的開示……66, 93
短期記憶……46
単語……35
　　〜の形……30
　　〜を音で表す……58
探索……139
ダンバー数……168

チェス……53
知覚可能なアフォーダンス……15
近道……157, 212
チクセントミハイ……101
チャンク……49
注意……69, 139
　　〜を引く……107
注意散漫……73, 120
注意力……108, 115, 117, 120, 217
　　〜が復活……203
注意力回復療法……203
中心窩……3, 19
中心凝視……19
中心視野……5, 20
中脳……211
注目……107
聴覚……128
長期記憶……50, 52, 62, 210
跳躍運動……30
直感……79, 240
　　〜に従う……230
チンパンジー……50, 186
ツイッター……139, 141, 168, 184
強いつながり……169
定率強化……137
停留……30
データ……194
手がかり……15, 252
　　顕著な〜……119
手書きのメモ……179
デザイン……vii, 29
　　〜とメンタルモデル……79
　　オペラント理論と〜……137
テスト……214
デフォルト……157
デモグラフィックス……189
デュシェンヌ・スマイル……187
テロ……63, 115
電子インク……42
電子ブックリーダー……151
転職……240
伝達手段……179
電話……180
電話番号……49
動画……72

動機……131, 139
同期＋予測＝理解……182
同期活動……174
動機付け……69, 132
　　〜の無意識性……144
動作エラー……223
同時処理（マルチタスク）……73, 113, 120
頭頂葉……95
頭髪……52
東洋人……104
ドーパミン……98, 103, 139, 141, 145, 206, 235
ドーパミンループ……142
ドーパミン効果……235
トラック……4
トラックパッド……72
トリック……85
トレードオフ……70
トレーニングビデオ……82, 117

■■■な行■■■

内的報酬……144
長い行……43
馴染み……211
謎解き……85
名前……110
怠ける……200
匂い……196, 252
二次元（2D）……4
二次聴覚野……186
二人称……180
入札……250
乳児……236
ニューロン（神経細胞）……52, 140, 198
人間関係……104
認識課題……55
認識メカニズム……7
認知……70
認知的……96
認知的不協和……75, 207
脳……2, 35, 52, 168, 183, 192
　　〜が活性化する……46
　　〜の活動……73
　　〜の機能……139
　　〜の同期……182

　　新しい〜……123, 233
　　古い〜……123, 166, 198, 211, 233, 249
　　真ん中の〜……123
脳幹……123
脳スキャン……105
ノルマ……163
ノンデュシェンヌ・スマイル……187

■■■は行■■■

パーティー……198, 218
パーティー効果……110
背側前帯状皮質……76
排他性……207
ハイパーリンクとアフォーダンス……17
白昼夢……73
パズル……99
パターン認識……4, 7, 37
爬虫類脳……123
発見的な仕事……145
バッテリ残量……116
鼻……52
パフォーマンス……217
パフォーマンス・エラー……223
パブロフの条件反射……141
ハンズフリー……120
反復練習……113
万有引力の法則……99
美……202
ビデオ……89, 188, 193
人まかせ……246
皮膚コンダクタンス測定装置（SCR）
　……232
ヒューマンエラー……213, 224
ヒューマンファクター（人的要因）……70
評価……230, 246
表情……190
表題……35
比率スケジュール……135
品質管理（Quality Control：QC）……92
貧乏ゆすり……172
ファイル……221
不安……211
フィードバック……101
フィッツの法則……71
フィルタリング（取捨選択）……111

フェイスブック……142, 168, 184
フェイルセーフなシステム……214
フォルダ……221
フォント……37, 40
負荷（ロード）……70
復讐……85
不注意による見落とし……19
物体認識……7
不愉快な出来事……209
フラストレーション……93
フラッシュバルブ記憶……63
ブランド……196, 211
古い脳……123, 166, 198, 211, 233, 249
プレゼンテーション……84, 117
フロー状態（忘我の境地）……101
プログレスバー……93
文化……27, 102, 104
文章……21, 31, 33, 38, 40, 43
文脈（コンテキスト）……55
分類……91
変化の見落とし……19
変動間隔……135
扁桃体……6, 63, 98, 196, 198, 219
変動比率……136
ポイントカード……132
忘我の境地（フロー状態）……101
包含エラー……55
忘却曲線……61
冒険……85
報酬……135, 139
　　　金銭的な〜……145
報酬後初期化……134
紡錘状顔領域……9
保護色……26
ポジトロン断層法（PET）……206
ボタン……226
牧歌的な風景……202
没入……101
ボトックス……192
ホモ・サピエンス……168

■■■ま行■■■

マウス……72
マシュマロテスト……151
間違い……213, 214, 216
魔法の数……49
マルチカラム……44
マルチタスク（同時処理）……73, 113, 120
満足化……153
満足感……69
満足遅延耐性……151
満足度……200, 238
真ん中の脳……123
見落とし……19
味覚……128
短い行……43
見出し……35
見た目……204
耳……52
ミュラー・リヤー錯視……3
ミラーニューロン……171, 182
無意識……20, 61, 110, 113, 115, 119, 126, 144, 172, 194, 219, 232, 248, 252
　〜の決断……230
ムード……190
目……10, 52
メール……141, 179
　〜での嘘の見分け方……180
メールマガジン……88, 146
メニュー……221, 226
目の錯覚……3
メモリーバンク……7
メンタルな処理……194
メンタルモデル……14, 78, 115
　デザインと〜……79
モーターコントロール・エラー……223, 227
モーフィング……10
目標……101, 219
目標勾配……132
文字……30, 37
　〜の大きさ……40
　〜の読みやすさ……42
　〜を識別する……37
モチベーション……131, 145, 149, 165
モデル……78
物語……84, 123, 194
「もの」に対する内的な表現……79

物忘れ……61
模倣……171

■■■や行■■■

ヤーキーズ・ドットソンの法則……217
やり損ないエラー……223
ヤル気……131, 132, 145, 146, 166
ユーザー中心設計（UCD）……82
夢を見る……58
予期せぬ出来事……198
予想……13
予想外……198
予測……209
読みやすさ……42
読む……29, 31, 33
　〜速さ……43
喜び……190
弱いつながり……169

■■■ら行■■■

ライバル……164
リーダー……244
理解……33
理解度……40
リフレッシュ（再描画）……42
利用体験……79
旅行の体験……210
リンクトイン（LinkedIn）……146
例……88
レーダー画面……84, 111, 129
レスチレン……192
レビューの効果……247
レム睡眠……99
恋愛……85
連続強化……137
ロード（負荷）……70
論理……240

■■■わ行■■■

ワーキングメモリ……46
ワールドカップ……183
若さ……248
忘れる……61
笑い……185, 187

著者紹介

Susan Weinschenk（スーザン・ワインチェンク）
米ヒューマン・ファクターズ・インターナショナル社UXストラテジー部門の責任者。博士（心理学）。心理学の最先端研究をデザインに応用する方法を30年以上研究し続けている。ウェブサイトのデザインに神経科学を応用する方法について解説した *"Neuro web design: what makes them click?"*（New Riders）など、ユーザー中心設計に関する著作が数冊ある。講演者、司会者としても人気があり、ニックネームは「The Brain Lady」。http://www.whatmakesthemclick.net/ に個人ブログ。

訳者紹介

武舎 広幸（むしゃ ひろゆき）
国際基督教大学、山梨大学大学院、オハイオ州立大大学院、カーネギーメロン大学客員研究員等を経て、東京工業大学大学院理工学研究科博士後期課程修了。マーリンアームズ株式会社（http://www.marlin-arms.co.jp/）代表取締役。主に自然言語処理関連ソフトウェアの開発、コンピュータや自然科学関連の翻訳および著作や辞書サイト（http://www.dictjuggler.net/）の運営などを手がける。著書に『プログラミングは難しくない！』（チューリング）『BeOSプログラミング入門』（ピアソンエデュケーション）、訳書に『ゲームストーミング』『リファクタリング・ウェットウェア』『iPhoneアプリ設計の極意』（以上オライリー・ジャパン）『マッキントッシュ物語』（翔泳社）、『HTML入門 第2版』『Java言語入門』（以上ピアソンエデュケーション）、『いまがわかる！ 世界なるほど大百科』（河出書房新社）など多数がある。http://www.musha.com/ にウェブページ。

武舎るみ（むしゃ るみ）
1980年学習院大文学部英米文学科卒。マーリンアームズ株式会社（http://www.marlin-arms.co.jp/）取締役。心理学およびコンピュータ関連のノンフィクションや技術書、フィクションなどの翻訳、オンライン翻訳講座（http://www.dhc-online.com/）の運営などを行っている。訳書に『ゲームストーミング』『iPhoneアプリ設計の極意』『リファクタリング・ウェットウェア』（以上オライリー・ジャパン）、『異境（オーストラリア現代文学傑作選）』（現代企画室）、『説得力』（ピアソン桐原）、『いまがわかる！ 世界なるほど大百科』（河出書房新社）、『プレクサス』（水声社）『神話がわたしたちに語ること』『野に雁の飛ぶとき』（以上角川書店）、『アップル・コンフィデンシャル2.5J』（アスペクト）、『暴走する帝国ーインターネットをめぐるマイクロソフトの終わりなき闘い』（翔泳社）など多数がある。http://www.musha.com/ にウェブページ。

阿部 和也（あべ かずや）
1973年頃よりFORTRAN、1980年頃よりBASICでプログラミングを始める。COBOL、PL/I、Cを経て、1988年頃よりMacintoshでCプログラミングを開始し、1990年にビットマップフォントエディタ「丸漢エディター」を発表。その後、C++によるMac OS 9用ビットマップフォントエディタの開発にも従事した。一貫して文字と言語に興味を持っていたが、2003年より本業のかたわら病院情報システムの管理、開発に従事することとなり、Perl、PHP、JavaScriptによるウェブアプリケーション開発、システム間情報連携、Moodleによるe-ラーニング開発などを行っている。訳書に『iPhone 3Dプログラミング』『iPhone/iPadゲーム開発ガイド』（以上オライリー・ジャパン）がある。http://www.mojitokotoba.com/ にウェブページを準備中。

インタフェースデザインの心理学
　　── ウェブやアプリに新たな視点をもたらす100の指針

2012年 7 月17日　初版第 1 刷発行
2013年10月10日　初版第 7 刷発行

著者	Susan Weinschenk（スーザン・ワインチェンク）
訳者	武舎 広幸（むしゃ ひろゆき）、武舎 るみ（むしゃ るみ）、 阿部 和也（あべ かずや）
発行人	ティム・オライリー
装幀・本文設計	河原田 智〔ポルターハウス〕
制作	ビーンズ・ネットワークス
印刷・製本	日経印刷株式会社
発行所	株式会社オライリー・ジャパン 〒160-0002 東京都新宿区坂町26番地27 インテリジェントプラザビル1F Tel (03)3356-5227 Fax (03)3356-5263 電子メール japan@oreilly.co.jp
発売元	株式会社オーム社 〒101-8460 東京都千代田区神田錦町3-1 Tel (03)3233-0641（代表） Fax (03)3233-3440

Printed in Japan (ISBN978-4-87311-557-3)
乱丁本、落丁本はお取り替え致します。

本書は著作権上の保護を受けています。本書の一部あるいは全部について、株式会社オライリー・ジャパン
から文書による許諾を得ずに、いかなる方法においても無断で複写、複製することは禁じられています。